典籍里的本草

——葡萄

马建龙　罗彦慧

／主编

全国百佳图书出版单位
中国中医药出版社
·北京·

图书在版编目（CIP）数据

典籍里的本草——葡萄 / 马建龙，罗彦慧主编 . --
北京 : 中国中医药出版社，2023.12
ISBN 978-7-5132-8336-6

Ⅰ . ①典… Ⅱ . ①马… ②罗… Ⅲ . ①葡萄 Ⅳ .
① S663.1

中国国家版本馆 CIP 数据核字（2023）第 163331 号

中国中医药出版社出版

北京经济技术开发区科创十三街 31 号院二区 8 号楼
邮政编码　100176
传真　010-64405721
北京盛通印刷股份有限公司印刷
各地新华书店经销

开本 710 × 1000　1/16　印张 10.75　字数 159 千字
2023 年 12 月第 1 版　2023 年 12 月第 1 次印刷
书号　ISBN 978 – 7 – 5132 – 8336 – 6

定价　68.00 元
网址　www.cptcm.com

服 务 热 线　010-64405510
购 书 热 线　010-89535836
维 权 打 假　010-64405753

微信服务号　**zgzyycbs**
微商城网址　**https://kdt.im/LIdUGr**
官 方 微 博　**http://e.weibo.com/cptcm**
天猫旗舰店网址　**https://zgzyycbs.tmall.com**

如有印装质量问题请与本社出版部联系（010-64405510）

《典籍里的本草——葡萄》编委会

主　编　马建龙　罗彦慧

副主编　勉嘉铖　杨　青　余　慧　马　兴

编　委　（按姓氏笔画排序）

马小琴　马艺华　马红艳　马丽杰

马瑞良　王海燕　刘斐斐　孙　琪

苏博乐　余永鹏　张　欣　张昊东

陈　宏　陈佳瑞　陈涵斐　郎　燕

惠宝玫　谢小峰　蒙　萌

插　图　于业礼

前　言

　　"葡萄美酒夜光杯，欲饮琵琶马上催。"从这句尽人皆知的诗句中，我们可以知道葡萄及其制成品，已然成为时人餐桌上不可或缺的佳品。人们以果为食，品其甜；以果酿酒，品其香；以果入药，品其性；以果为饰，品其美。概而言之，葡萄体现出十分浓郁的农业价值、药用价值和文化价值。更为重要的是，葡萄作为我们生活中常见的水果，其香甜果实的背后实际隐藏着一部长达千年的人类文化交流史。

　　在辽阔的亚欧大陆上，不同文明相互依存，相辅相成，而串联它们的线索，通常就是一些微不足道的物品。本书的研究对象——葡萄，即人类文明交流互鉴的物质载体。千百年来，葡萄的生物属性、社会属性、文化属性造福着一代又一代生活在亚欧大陆上的民众，成为人们生活中不可或缺的一种文化符号。更为重要的是，当人们感慨历史上中西交通史的辉煌场景时，葡萄便成为唤起各族民众交流互鉴集体记忆的灵丹妙药。

　　研究葡萄的传播史、发展史、文化史，我们需要置身典籍中体味其神奇与奥妙。因此，本书从各类史籍史料切入，深究其中有关葡萄之内容，以期向读者呈现出葡萄多元的功能与价值，帮读者认识到，它不仅是餐盘中的一颗小果实，还是体现人类文明交流和发展历史的活化石。

　　在本书的编写过程中，我们收集整理了本草典籍、方书典籍、农业典籍、饮食典籍、文史典籍中有关葡萄的记述，以及诗词艺术珍品中葡萄元素的应用。通过对这些记述的整理，我们厘清了葡萄在中国的传播、种植历史，挖掘其药用价值、商业价值及文化价值。这为有志于葡萄研究的学者提供了些许便利。

众所皆知，葡萄成串，依藤而生，汇聚结果。《典籍里的本草——葡萄》的编写过程中亦如此，不同篇目的编者，将有关葡萄知识的精华凝结在一起，终成书稿。人们习惯于将植物预设为一种简单的生物，这只观察到了它的表面，当把这些看似简单的植物放置在历史、现实的语境中考量，它们往往会展现出更为强大且超出生物性的功能与价值。编写本书的目的即在于此，抛砖引玉，鼓励我们突破传统认知方式，以更多元的视角、更系统的思维去解构更为丰富的物质世界，而葡萄只是一个开始。

特别说明：本书提到的药方和秘方，只是从医学史角度出发，并未经过专业验证，故未经专业医师指导，读者不可擅自使用。

由于精力有限，本书存在的错漏之处，望广大读者及专家学者不吝赐教。最后，衷心感谢曾经多方指导、关心、支持、鼓励、帮助协作编者工作的专家、学者，感谢所有参加收集整理资料的老师与同学。

《典籍里的本草——葡萄》编委会

2023 年 4 月于宁夏银川

preface

"*From cups of jade that glow with wine of grapes at night. Drinking to Pipa songs, we are summoned to fight.*" In this well-known poem, grapes and their finished products have become indispensable products on the dining table. Grape plays an important role in the long historical development process. People eat grapes and taste their sweetness; make wine with grapes and taste their fragrance; take grapes as medicine and taste their nature; decorated with grapes and appreciate their beauty. In a word, grapes have rich agricultural, medicinal and cultural values. More importantly, grapes can be described as the material carrier of communication, exchange and blending between different civilized communities on the Eurasian continent. People are closely integrated because of grapes.

Grape is the most common fruit in our life, behind the sweetness of grapes is a long history of human cultural exchange for thousands of years. On the vast Eurasian continent, different civilized communities are interdependent and complement each other, while the clues connecting them in series are usually trivial items. Grapes, the research object of this book, is the material carrier of human civilization exchange and mutual learning. For thousands of years, the biological, social and cultural attributes of grapes have benefited generations of people living on the Eurasian continent and become an indispensable element in

葡萄

people's lives. What's more, when people feel the splendid scenes of the history of Chinese and Western traffic, grapes have become a panacea to arouse the collective memory of people of all ethnic groups to exchange and learn from each other.

In the spread,development and cultural history of grapes, we need to appreciate its magic and mystery in ancient books. Therefore, this book starts from all kinds of historical records and explores the contents of grapes in depth, and presents readers with the diversified functions and values of grapes, thus making people realize that grapes are not only the fruit in a dinner plate, but also the living fossil that affects the exchange and development of human civilization.

In the process of writing this book, we collected and sorted out the descriptions of grapes in ancient herbal books, ancient prescriptions, ancient agricultural books, ancient diet books, historical records of past dynasties, poems and artistic treasures. By sorting out these accounts, we clarified the spread, cultivation, medicinal value, commercial value and cultural value of grapes in China, which provides some convenience for scholars who are interested in studying grapes.

It is well known that grapes are bunched, born on vines, and gather results. So is *the Materia Medica in Antient Books and Records ——Grape* in the process of compilation. Editors with different titles condensed the essence of knowledge about grapes into the manuscript. People are used to presupposing plants as a simple creature, which only observes its material essence. When these seemingly simple plants are considered in the historical and realistic context, they often show more powerful functions and values that are free from biology. The purpose of compiling this book is to inspire people to break through the traditional cognitive way and deconstruct the richer material world with more diverse perspectives and more systematic thinking. Grapes are just the beginning.

Special note: the prescriptions and secret recipes mentioned in this book are only from the perspective of medical history and have not been professionally verified. Therefore, readers are not allowed to use them without the guidance of professional doctors, otherwise the consequences are at your own risk.

Due to the rush of time and the limited level of editors, it is inevitable that there will be some omissions. I hope readers, experts and scholars will give us your advice. In the end, I would like to thank all the experts and scholars who have guided, cared, supported, encouraged and helped the collaborative editor's work in many ways, and all the teachers and classmates who participated in the collection and collation of materials.

Editorial Board of *the Materia Medica in Antient ——Grape Books and Records*

Yinchuan, Ningxia, in April 2023

校 注 说 明

　　本书收集整理了本草典籍、方书典籍、农业与饮食典籍、文史典籍、诗词、艺术珍品中有关"葡萄"的相关记载、元素，以保持古籍记载原貌为原则，据现代要求对以上记载和元素进行了整理工作，现具体说明如下。

　　1. 本书检索词"葡萄"的异名问题

　　本书所述"葡萄"皆为今人所知的藤本植物，但今天的"葡萄"一词，在典籍中有多种写法，如蒲桃、蒲陶、蒲萄、草龙珠等。为求全面，以上词汇皆为本书检索关键词。

　　2. 本书收录典籍中"葡萄"的记载范围

　　本书收集典籍中关于"葡萄"引入、种植、食用、药用、酿酒等相关文献，以药用文献为主。本书只是对"葡萄"相关典籍的整理汇编，并未对相关典籍做深入细致的研究，但本文的绪论部分对葡萄的传播史和入药史做了详细研究。

　　3. 本书收录的"葡萄"相关诗词和艺术珍品

　　本书收录的"葡萄"的相关诗词，多以"葡萄"作为隐喻，抒发诗词创作者的心境，其与葡萄物理性状等关联性虽不强，但亦是研究葡萄文化属性的重要参考资料，故收录。本书还梳理了艺术珍品中的葡萄元素，并介绍了部分以葡萄为主题的绘画、手工艺品，以体现葡萄的文化内涵和艺术属性，并增强本书的趣味性。

4. 本书引用典籍版本说明

本书所引典籍多为"爱如生"和"书同文"及"鼎秀"等古籍数据库扫描本。另外，本书还引用了中华书局、商务印书馆、上海古籍出版社、中医古籍出版社、中国中医药出版社、人民卫生出版社、学苑出版社等古籍和医药相关出版社出版的点校本。

5. 通假字、异体字、繁体字、古字说明

针对本书在引用文献时出现的繁体字、古字、通假字、异体字等情况，繁体字直接采用简化字，古字在无法键入情况下，遂以造字形式呈现，通假字、异体字，除特殊情况予以保留外，以规范简体字径改。

目

录

第二章 方书典籍里的葡萄

第三章｜农业与饮食典籍里的葡萄

第四章｜文史典籍里的葡萄

典籍里的本草——葡萄

第五章

诗词里的葡萄

葡萄

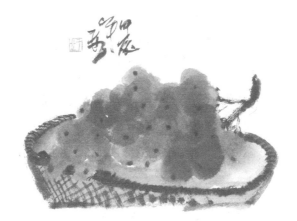

绪　　论

葡萄的历史

　　葡萄是沿着丝绸之路传入西域，并进一步传入中原的外来物种。汉文文献中，葡萄被写作蒲桃、蒲陶、蒲萄、浮桃、蒱桃、草龙珠等。我国典籍所记载中原地区的葡萄和葡萄酒大多来自西域，葡萄酒酿造之法也源于西域。葡萄可食用、可入药、可酿酒；葡萄架可用来纳凉和观赏；葡萄花纹也是绘画和装饰器具的常用素材；葡萄更是文人墨客笔下的常客，既有"隔阂一架葡萄雨"的诗意盎然，亦有"葡萄美酒夜光杯"的豪情万丈。葡萄的传入极大地丰富了中原人民的物质和文化生活，是中华文明的重要组成部分。通过丝绸之路传入中原的葡萄，从物质到精神层面逐渐内化为中华文明的重要组成部分，在其漫长的传播过程中，为中华文明的多元一体贡献着力量。

一、中国葡萄的来源

　　葡萄是外来物种的观点已被学界普遍接受，但关于葡萄何时何地由何人引入中原大地却有诸多观点并存。

（一）先秦时期中原已有葡萄

　　一种观点认为，葡萄并非由张骞及其团队出使西域后引入，而是在这之前甚至是先秦时期，中原就已经种植有葡萄。我国农学家夏诒彬在其著

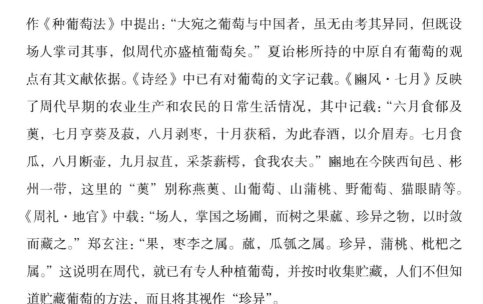

作《种葡萄法》中提出："大宛之葡萄与中国者，虽无由考其异同，但既设场人掌司其事，似周代亦盛植葡萄矣。"夏诒彬所持的中原自有葡萄的观点有其文献依据。《诗经》中已有对葡萄的文字记载。《豳风·七月》反映了周代早期的农业生产和农民的日常生活情况，其中记载："六月食郁及薁，七月亨葵及菽，八月剥枣，十月获稻，为此春酒，以介眉寿。七月食瓜，八月断壶，九月叔苴，采荼薪樗，食我农夫。"豳地在今陕西旬邑、彬州一带，这里的"薁"别称燕薁、山葡萄、山蒲桃、野葡萄、猫眼睛等。《周礼·地官》中载："场人，掌国之场圃，而树之果蓏、珍异之物，以时敛而藏之。"郑玄注："果，枣李之属。蓏，瓜瓠之属。珍异，蒲桃、枇杷之属。"这说明在周代，就已有专人种植葡萄，并按时收集贮藏，人们不但知道贮藏葡萄的方法，而且将其视作"珍异"。

（二）由张骞出使西域后从大宛带回

另一种观点是现今普遍认可的，即葡萄是由张骞及其团队出使西域后带回栽种并推广。我国著名农史学家辛树帜在《中国果树历史的研究》中援引《史记·大宛列传》，印证"中国的葡萄是张骞传进的，约在公元前128年"。《史记·大宛列传》中言及大宛国："左右以蒲陶为酒，富者藏酒万余石，久者数十岁不败。俗嗜酒，马嗜苜蓿，汉使取其实来，于是天子始种苜蓿、蒲陶肥饶地。及天马多，外国使来众，则离宫别馆旁尽种蒲陶、苜蓿极望。"这段记载中虽然没有明确从大宛国带回葡萄种子的"汉使"是谁，但张骞是有明确文献记载的官方出使西域第一人，且张骞凿空西域之后，西域葡萄和葡萄酒随即传入中国。因此，后人普遍认可葡萄由张骞出使西域后带回本土栽种并推广。

（三）李广利西征大宛后由使节带回

除上述两种观点外，还有学者认为葡萄是李广利西征大宛后由使节带回的。日本学者桑原在《张骞西征考》中援引西晋张华《博物志》与《史记·大宛列传》，认为："输入葡萄之人既非张骞亦非李广利，实为张骞死后，一无名之使者输入。"且《太平御览·果部·卷九》中载："李广利为贰师将军，破大宛，得蒲萄种归汉。"说明葡萄输入中原的时间为李广利西征大宛之后。

《汉书·西域传》中记述大宛国："左右以蒲陶为酒，富人藏酒至万余石，久者至数十岁不败……贰师既斩宛王……汉使采蒲陶、目宿种归。天子以天马多，又外国使来众，益种蒲陶、目宿离宫馆旁，极望焉。"公元前103年，李广利首次率汉军进入西域，剑指大宛，但在种种因素的干扰下，以失败告终。公元前101年，李广利再次率领军队出征大宛，得良马、葡萄、苜蓿而归。张骞卒于公元前114年，由此可见，此中"汉使"并非张骞，而是李广利西征大宛后由其他使节带回栽种。

（四）源于安息国

亦有文献记载葡萄源于安息国。《旧唐书·列传·卷三十》言："汉武负文、景之聚财，玩士马之余力，始通西域，初置校尉。军旅连出，将三十年。复得天马于宛城，采蒲萄于安息。"由此段记载可知，汉武帝时期大规模出兵征讨西域诸地，从大宛得良马，从安息国采葡萄而归。

先秦时期中原已有葡萄种植。此种观点的支持文献是《诗经》《周礼》，但此时的葡萄究竟从何而来，文献并不能给出解释。关于葡萄由张骞从大宛带回和由李广利从大宛带回的观点来自《史记》《汉书》等的文献记载。《旧唐书》则记载了另外一种观点，即葡萄是由汉武帝从安息带回的。二十四史文献记载葡萄由西域传入中原，昭示着一种异域物种由西域向中原传播的具体过程。

二、中国古代葡萄的种植和葡萄酒的酿造

（一）先秦时期的中国本土葡萄种植

张骞出使西域以后，史籍文献中关于中国葡萄本土种植与葡萄酿酒的记载日渐丰富。汉代以前的相关记述虽鲜见，但仍有迹可循。

先秦时期较为常见的是野葡萄，西周时有野葡萄种植的相关记载。如《诗经·周南·樛木》中记载："南有樛木，葛藟累之。"《诗经·豳风·七月》载"六月食郁及薁"。"薁""葛藟"都是我国的原生葡萄，即野葡萄、山葡萄。另外，如前文所述，《周礼·地官》也有对葡萄种植、收集、贮藏的记载。由此可知，我国在周代时，就已经在专门的场圃中种植葡萄。

（二）西汉时期葡萄与葡萄酒的传入

自汉代以来，史籍文献中对于葡萄的记载较为丰富，对帝王宫室的葡萄描写更甚。如《汉书·司马相如传》中记载："于是乎，卢橘夏孰，黄甘橙楱，枇杷橪柿，亭奈厚朴，樗枣杨梅，樱桃蒲陶，隐夫薁棣，答沓离支，罗乎后宫，列乎北园。"此处描写卢橘、黄柑、橙子、葡萄、荔枝等多种水果星罗棋布地遍长在后宫中，按顺序排列种植在北园，绵延到丘陵地带，向下伸达平原地带，凸显出上林苑的气势恢宏与景色宜人。无独有偶，《汉书·西域传》中也有类似记载："汉使采蒲陶、目宿种归。天子以天马多，又外国使来众，益种蒲陶、目宿离宫馆旁，极望焉。"据此可知，西域葡萄在汉时已传入中原，虽未见广泛栽植，但其在宫廷林苑内已有种植，且成为王公贵族的专享。

在这一时期，关于葡萄酒的记载着重于对西域诸地风土人情的介绍，相较而言，中原地区的葡萄酒文化则少有涉及，可见当时葡萄酒仍为珍异之物。《旧唐书·李密传》中记载："而钱神起论，铜臭为公，梁冀受黄金之蛇，孟佗荐蒲萄之酒。遂使彝伦攸斁，政以贿成，君子在野，小人在位。"

这段记载中提到东汉时期孟佗行贿之事，结合《后汉书·宦者列传》及《三国志·明帝纪》可知，孟佗（一作孟他）以奇珍异宝贿赂张让，"又以蒲桃酒一斛遗让，即拜凉州刺史"，足以见得葡萄酒在当时是何等珍贵。

（三）魏晋南北朝时期葡萄与葡萄酒的推广

随着西北少数民族的内迁，魏晋南北朝时期中原地区与西域之间的交流更为频繁，葡萄和葡萄酒在这一时期得到了推广。《闲居赋》记载："爰定我居，筑室穿池，长杨映沼，芳枳树樆……张公大谷之梨，溧侯乌椑之柿，周文弱枝之枣，房陵朱仲之李，靡不毕植。三桃表樱胡之别，二柰耀丹白之色，石榴蒲桃之珍，磊落蔓延乎其侧。"西晋潘岳以华丽的辞藻和清隽的文风淋漓尽致地展现出其闲居之趣。此段描写在凸显葡萄珍贵的同时也在一定程度上表明，此时葡萄的栽种已不仅限于宫室林苑。

中原使节早在汉代时期就已得知，在大宛、龟兹、且末等地，葡萄酒的酿造蔚然成风。《晋书·吕光传》记载："胡人奢侈，厚于养生，家有蒲桃酒，或至千斛，经十年不败，士卒沦没，酒藏者相继矣。"这段文字描述了吕光率军进入龟兹，见大量葡萄酒藏的景象。但这一时期的史籍文献并未具体阐释中原地区的葡萄酒酿造，且通过相关记载不难看出，直至魏晋南北朝时期，葡萄和葡萄酒仍然是不可多得的珍宝。《洛阳伽蓝记·城西》载："帝至熟时，常诣取之，或复赐宫人。宫人得之，转饷亲戚，以为奇味，得者不敢辄食，乃历数家。"这段话的意思是魏文帝待白马寺前的葡萄成熟后，有时会赏赐葡萄于宫人，宫人得之又转赠亲戚，都认为其是难得的珍宝，甚至受赠后不敢立刻吃，于是这些葡萄在尝后被转赠很多家。另《北齐书·李元忠传》记载："曾贡世宗蒲桃一盘。世宗报以百练缣，遗其书曰：仪同位亚台铉，识怀贞素，出藩入侍，备经要重。"据此可知，魏晋时葡萄和葡萄酒在中原地区仍罕见。

（四）隋唐时期葡萄与葡萄酒的规模化种植与酿造

隋唐时期社会经济文化的繁荣在一定程度上为葡萄种植的规模化提供了条件。陈习刚先生认为："唐代葡萄种植范围的扩展不只体现在唐代对西域的积极经营和大力开拓上，而更主要体现在关内葡萄种植地的扩展上。"陈习刚先生在对唐代时期葡萄种植区域的多次考证后发现："唐十道中，种葡萄的达九道，只有岭南道未见葡萄种植的记载。"由此可知，唐代时期葡萄的种植区域非常广泛，已颇具规模。

唐代高度繁荣的经济文化使得其疆域扩展至西域地区，随着西域地区与中原地区的联系日渐紧密，西域优质的葡萄品种和先进的葡萄酒酿造技术不断传入。据《册府元龟·卷九十七》记载："及破高昌，收马乳蒲桃于苑中，并得其酒法。"唐太宗时期，侯君集率军入高昌，将高昌马乳、葡萄引种至长安地区，丰富了中原地区的葡萄品种。与此同时，西域葡萄酒酿造的方法得以传入且形成规模。

随着葡萄的规模化种植与葡萄酒酿造技术的传播，唐代所栽植葡萄的品种不断增多，葡萄酒酿造技法也日益精进。据唐代李肇在《唐国史补·叙酒名著者》中的记述："酒则有郢州之富水，乌程之若下，荥阳之土窟春，富平之石冻春，剑南之烧春，河东之乾和葡萄，岭南之灵溪、博罗，宜城之九酝，浔阳之湓水，京城之西市腔、虾蟆陵、郎官清、阿婆清。又有三勒浆类酒，法出波斯（三勒者，谓庵摩勒、毗梨勒、诃梨勒）。"从中不难看出，唐代精进的酿酒技术使得酒的种类繁多，且出现众多各具特色的名酒。

值得注意的是，隋唐时期葡萄的栽植范围虽颇具规模，但仍十分难得。《旧唐书·陈叔达传·卷六十一》记载："叔达明辩，善容止，每有敷奏，缙绅莫不属目。江南名士薄游长安者，多为荐拔。五年，进封江国公。尝赐食于御前，得蒲萄，执而不食。高祖问其故，对曰：'臣母患口干，求之不能致，欲归以遗母。'高祖喟然流涕曰：'卿有母遗乎！'因赐物三百段。贞观初，加授光禄大夫。"陈叔达出身陈朝皇室，又在唐高祖时升官进爵，身在高位而其母患病尚不能觅得葡萄，可见唐时葡萄仍为中原珍品。

（五）五代辽宋夏金元时期葡萄与葡萄酒的继续发展

五代辽宋夏金元时期，中原地区的葡萄栽培技术和葡萄酒酿造技术在前代基础上都有一定的发展。元代以前，葡萄栽植和酿造的主阵地虽然还在北方地区，但这一时期，葡萄的种植区域已开始在江南地区扩展。到了元代，葡萄种植地域明显扩大，酿酒数量也逐年增长。

五代辽宋夏金时期，北方地区仍然是葡萄和葡萄酒的主要生产地。其中新疆及河西、河东地区盛产葡萄和葡萄酒。《宋史·于阗传》记载于阗："土宜葡萄，人多酝以为酒，甚美。"于阗一带适宜葡萄的种植，且葡萄酒酿造技术高超，所产葡萄酒美名远扬。《旧五代史·周书·太祖纪一》载："晋、绛葡萄、黄消梨，陕府凤栖梨，襄州紫姜、新笋、橘子。"后周太祖发表诏令让各州府停止进贡的珍异美食，就包括晋州和绛州的葡萄。河东地区的葡萄曾长期作为贡品进献朝廷，足见其品质之高。除上述外，唐代还有许多种植葡萄和酿造葡萄酒的地区，如云南、吐蕃等地，而在五代辽宋夏金时期的史籍文献中，并未见上述地区有葡萄种植和葡萄酒酿造的记载，但元代时，有资料显示，这些地区仍然是进贡葡萄和葡萄酒的重要地区。据此可知，五代辽宋夏金时期，上述地区仍然可能是葡萄和葡萄酒的重要产区。

两宋时期呈现出葡萄在江南地区普遍种植的新局面。常州、苏州、湖州、临安（今浙江杭州）、越州（今浙江绍兴）等地均有葡萄种植的相关记载，如《咸淳毗陵志·卷四十二》记载："葡萄，一名马乳，色紫。又有水晶者，味尤胜。"说明这时常州区域内种植马乳和水晶两种葡萄。《咸淳临安志·卷五十八》又载："蒲萄，有黄紫二色，紫者稍晚，黄者名珠子御爱，其圆大透明者名玛瑙。"由此可见，临安也已种植葡萄，且有诸多品种。另据《嘉泰会稽志·卷十七》载："蒲萄盛产于西北，会稽有浆水、马脑二种，味亦佳。"说明绍兴地区亦有两种葡萄得到推广种植。

蒙古族统一漠北之后，大举远征西域，将广大西域地区列入管辖，使得这一时期的葡萄种植和葡萄酒酿造得以持续发展。新疆、甘肃、宁夏、陕西、山西等地区均有不同规模的葡萄及葡萄酒产出。据《元史·仁宗一》记载："庚午，西北诸王也先不花遣使贡珠宝、皮币、马驼，赐钞一万三千六百锭。"也先不花汗派遣使者向朝廷进贡珍宝方物，其中就包括葡萄酒，可见河中地区的葡萄种植仍在继续。山西在元代亦是葡萄和葡萄酒产地，据《元史·世祖纪一》记载："敕平阳路安邑县蒲萄酒自今毋贡。"可见当地此前一直进贡葡萄酒。事实上，"毋贡"的命令并未真正实行。据《元史·成宗纪二》记载："罢太原、平阳路酿进蒲萄酒，其蒲萄园民恃为业者，皆还之。"说明山西仍然进贡葡萄酒，而且生产葡萄酒的地区已不限于平阳路安邑，至少还有太原，同时已有葡萄园和葡萄酒作坊。

西汉时期，随着张骞凿空西域，欧亚种葡萄与葡萄酒由西域传入中原，此时期的葡萄与葡萄酒尚为稀世珍品。魏晋时期少数民族内迁，使得葡萄与葡萄酒在中原地区逐渐推广，但数量稀少，仍罕见。到了隋唐时期，葡萄的种植区域不断扩大，葡萄酒的酿造产业也颇具规模。此后，中原地区的葡萄种植与葡萄酒的酿造继续发展。葡萄种植和葡萄酒酿造技术的传入，体现了异域物种和技术由西域传入中原的过程，也展现了西域各族与中原各族人民的友好交往、交流、交融历史。

第二节
葡萄的入药情况

关于葡萄，我国史书和医药类典籍中记载较多。葡萄在西域诸地一般只作食物或酿酒，甚少入药，偶尔在民间经验方中可见。但传入中原后，受中医药文化的影响，葡萄逐渐由食用转为药用，成为药食同源的代表物之一。诸多医家将其用作利水消肿的良药，并创造出许多复方制剂。葡萄入药最早见于《神农本草经》，此后随着医家们用药经验的不断积累和丰富，葡萄的入药部位逐渐增多，包括葡萄根、葡萄籽、葡萄叶等均可作药用，其用法和用量的应用也渐趋成熟。

一、汉唐时期

汉唐时期的典籍中并未准确说明葡萄的原产地，仅记载"生山谷"。这一时期，葡萄常被用作利水补气、强身健体之药物，多用于治疗水肿、淋证等疾病。葡萄入药的最早记载见于《神农本草经》。《神农本草经·卷一》记载："葡萄，味甘平，主筋骨湿痹，益气，倍力，强志，令人肥健，耐饥忍风寒，久食轻身，不老延年，可作酒。"在西域地区，葡萄常被作为民间广泛应用的治疾验药。吐鲁番出土的回鹘文医学文献残片《杂病医疗百方》中除有葡萄药用的相关记载外，还记录了葡萄酒、葡萄醋等入药的医方。这些医方记载葡萄可治疗月经病、胎产不下、牙痛、目盲、腹痛等，拓展了葡萄的疗效和适用范围。

《杂病医疗百方》中使用葡萄酒的医方：

"谁若月经不调，血流不止，将藏红花和玉米面、麝香放入葡萄酒中喝，可愈（66～68行）。

"难产者……又一方：烧蛇皮，取其灰，用葡萄酒送服，可保平安（107～110行）。

"治腹痛之方：取二孙克（"孙克"是一种重量单位）公山羊肉、一碗葡萄酒、一碗水，掺和在一起煮熬，凉后服下，可愈（16～20行）。"

《杂病医疗百方》中使用葡萄醋的医方：

"治牙痛方：将黄杏仁舂碎，和葡萄醋一起敷于嘴上，可愈（97～102行）。"

《杂病医疗百方》中使用葡萄的医方：

"治腹泻方：取野蔷薇果壳（金樱子）一钱，桑白皮一钱，葡萄藤一钱……先倒入一些水，当剩下一碗水时，把这三种东西放在一起煮熬，然后喝，不论是谁……晚上临睡时服下。此乃验方（190～195行）。"

隋唐时期，葡萄的用药范围更为广泛，对葡萄的产地也有了更为详细的记载，如《千金翼方》中载："葡萄味甘，平，无毒。主筋骨湿痹，益气，倍力，强志，令人肥健，耐饥，忍风寒。久食轻身，不老延年。可作酒，逐水，利小便，生陇西、五原、敦煌山谷。"这一时期，葡萄的使用范围不断拓展，同时开始被当作食疗类药物。著名医家孙思邈在其著作《备急千金要方》中专设一卷记载饮食疗法，文中言："蒲桃，味甘、辛，平，无毒，主筋骨湿痹，益气，倍力，强志，令人肥健。作酒常饮益人，逐水，利小便。"唐代著名食疗学家孟诜在此基础上丰富了葡萄的食疗价值，并在《食疗本草》中做了详细的阐释，其文曰："其根可煮取浓汁饮之，（止）呕哕及霍乱后恶心。又方，女人有娠，往往子上冲心。细细饮之即止。其子便下，胎安好。"除此之外，孟诜还进一步提出患疾之人的饮食忌讳，认为："其子不宜多食，令人心卒烦闷，犹如火燎。亦发黄病。凡热疾后不可食之，眼暗、骨热，久成麻疖病。"适用范围的扩大及饮食忌讳的提出有利于促进平民百姓养生保健观念的形成，同时在提高人们对葡萄食疗价值的认知方面有颇为重要的意义。总的来说，汉唐时期，葡萄不仅是水果中的

"天之骄子"，还逐渐发展成为食疗类药物，同时也被医家们当作上品药，其药用领域也在实践中不断扩展。

二、宋金元时期

宋元时期，葡萄虽依旧生长在前朝的主要产地——"陇西、五原、敦煌山谷"，但也有所发展。《本草图经》中记载："今河东及近京州郡皆有之。"葡萄产地的拓展促进了疆域间经济文化的交流。《圣济总录》及《证类本草》中所记载的相关药物知识可以看作这一时期医家思想的代表。《圣济总录》中记载："治热淋小便赤涩疼痛，四汁饮方。蒲萄（自然汁）、蜜、生藕（自然汁）、生地黄（自然汁）各五合。上四味，和匀，每服七分一盏，银石器内慢火煎沸。温服，不拘时候。"亦载："治吹乳。葡萄一枚，于灯焰上燎过，研细，热酒调服。"这是首次有医书明确记载葡萄可用于治疗吹乳（即乳痈），相当于西医学的急性乳腺炎。《证类本草》中记载："唐本注云：酒，有葡萄、秫、黍、粳、粟、曲、蜜等，作酒醴以曲为。而葡萄、蜜等，独不用曲。饮葡萄酒能消痰破癖……书曰：若作酒醴尔，唯曲。苏恭乃广引葡萄、蜜等为之。"唐慎微认为，饮用葡萄酿制的佳酿具有祛痰、消除痞块等功效。这一观点也受到了后世医家的推崇。陈直继承了前代医家的思想，并将治疗的重心偏向老年人，根据自己的临床经验呕心沥血撰写完成了《养老奉亲书》。他将蒲桃浆方归入泻下剂中，指出此方用于治疗老年人淋证，临床常表现为尿频、尿急、尿道涩痛、小便不畅，甚至点滴刺痛、膈闷不利等，具体方药如下：

蒲桃汁一升　白蜜三合　藕汁一升

上相和，微火温，三沸即止。空心服五合，食后服五合，常以服之，殊效。

东轩居士承袭了前人的经验和思想，大胆创新，提出了用葡萄藤根治疗痈疽的复方，进一步拓宽了葡萄的治疗范围。其书《卫济宝书》中记载："赵候须（即败酱草，干者）四两，苦辣回根七寸，甘草节三寸，乳香一钱，穿山荷根（即蒲桃藤根）七寸。上生捣为粗末，干者为细末。其为一剂，分三服。每服用好酒三升半煎至七分，去滓服，敷用酒调。"

金代著名医学家张从正在《儒门事亲》一书中记载了赤龙散一方。该方单用红色的野葡萄根，去粗皮，研细为末，新水调涂肿处，频扫新水，可消散一切肿毒。这一方剂的提出为治疗肿毒提供了新的思路。王好古师承李杲，在治疾方面注重调治中焦脾胃，认为"诸病肿满，皆属于湿"，故在治疗水肿病时选用健脾祛湿的二味药物：蝼蛄及葡萄心，令二者同捣，放置七天，待曝干后研末，用淡酒调服，暑月湿用尤佳。在禁忌方面，滋阴派朱震亨在继承前人思想的基础上进行了创新，其认为葡萄以水煎汁味虽甘美，却可发胃火，久服可引起湿热病。这一观点为后世医家的临证处方提供了新的指导方向。

这一时期的医家对于葡萄药用价值的理解和体会不断加深，已不单单局限于果实本身。他们认识到葡萄藤根、葡萄籽等葡萄"附属产物"均可入药且有良效。久服生湿热亦是医家对葡萄使用禁忌的新体会。

三、明清时期

明清时期有关药物知识的阐释更加注重药理方面，多从个人临床经验进行叙述，而非着重描写葡萄的产地和状貌。众多医籍记载了葡萄的入药知识，其中以《本草纲目》的记载最为详细，具体内容摘录如下。

释名：蒲桃（古字）、草龙珠。时珍曰：葡萄，《汉书》作蒲桃，可以造酒，人醄饮之，则醄然而醉，故有是名。其圆者名草龙珠，长者名马乳葡萄，白者名水晶葡萄，黑者名紫葡萄。《汉书》言：张骞使西域还，始得此种，而《神农本草》已有葡萄，则汉前陇西旧有，但未入关耳。

集解：《别录》曰：葡萄生陇西、五原、敦煌山谷……恭曰：蘡薁即山葡萄，苗、叶相似，亦堪作酒。葡萄取子汁酿酒，陶云用藤汁，谬矣……时珍曰：葡萄，折藤压之最易生。春月萌苞生叶，颇似栝蒌叶而有五尖。生须延蔓，引数十丈。三月开小花成穗，黄白色。仍连着实，星编珠聚，七八月熟，有紫、白二色。西人及太原、平阳皆作葡萄干，货之四方。蜀中有绿葡萄，熟时色绿。云南所出者，大如枣，味尤长。西边有琐琐葡萄，大如五味子而无核。按：《物类相感志》云：甘草作钉，针葡萄，立死。以麝香入葡萄皮内，则葡萄尽作香气。其爱憎异于他草如此。又言：其藤穿过枣树，则实味更美也。《三元延寿书》言：葡萄架下不可饮酒，恐虫屎伤人。

【实】

气味：甘，平，涩，无毒。

诜曰：甘、酸，温。多食，令人卒烦闷、眼暗。

主治：筋骨湿痹，益气倍力强志，令人肥健，耐饥忍风寒。久食轻身不老，延年。可作酒（《本经》）。逐水，利小便（《别录》）。除肠间水，调中治淋（甄权）。时气痘疮不出，食之，或研酒饮，甚效（苏颂）。

发明：颂曰：按：魏文帝诏群臣曰：蒲桃当夏末涉秋，尚有余暑，醉酒宿醒，掩露而食。甘而不饴，酸而不酢，冷而不寒，味长汁多，除烦解渴。又酿为酒，甘于曲蘖，善醉而易醒。他方之果，宁有匹之者乎？

震亨曰：葡萄属土，有水与木火。东南人食之多病热，西北人食之无恙。盖能下走渗道，西北人禀气厚故耳。

附方：新三。

除烦止渴：生葡萄捣滤取汁，以瓦器熬稠，入熟蜜少许同收。点汤饮甚良（《居家必用》）。

热淋涩痛：葡萄（捣取自然汁）、生藕（捣取自然汁）、生地黄（捣取自然汁）、白沙蜜各五合。每服一盏，石器温服（《圣惠方》）。

胎上冲心：葡萄，煎汤饮之，即下（《圣惠方》）。

【根及藤、叶】

气味：同实。

主治：煮浓汁细软，止呕哕及霍乱后恶心，孕妇子上冲心，饮之即下，胎安（孟诜）。治腰脚肢腿痛，煎汤淋洗之良。又饮其汁，利小便，通小肠，消肿满（时珍）。

从上文可知，李时珍对葡萄产地的记载更为详细，包括了云南、太原、平阳等地。此外，与前代医家相比，李时珍更重视对葡萄药理的阐释，往往在同个类目下与有着相似功用的蘡薁相邻记载。蘡薁原附葡萄下，现已分出。二者同为止渴、利小便之药，但葡萄效用更多。李时珍引述朱震亨对葡萄的描述，用以补足此前本草典籍中阙如的葡萄五行属性及南北人群食用差异。

《普济方》中所记载的葡萄复方进一步使其适用范围得以增益，原文记载："诃子五钱（去核），姜黄一两，干姜五钱，荜茇、黄连各一钱二分，青盐一钱，朵揉牙一两二钱（为末，水飞）。上用生葡萄汁浸，日晒为末，每用少许点之。主治风眼冷泪赤烂。"这是首次有文字记载以葡萄汁入药，可用于治疗眼部赤烂、流泪。《回回药方》中对葡萄的药用描写颇为精细，如"葡萄（干者去核）八两""无子干葡萄""无子葡萄一两""干葡萄水送下""干青葡萄水送下""用白葡萄汁拌匀"等。如此细致的描写是因为有籽干葡萄与无籽干葡萄之药性迥异，去核葡萄与不去核葡萄药性也不尽相同，不同颜色的干葡萄泡的水，药性也有区别。但可能由于时间成本过高、花费精力太大及人力资源配置不足等问题，导致此后医家用葡萄入药时多不进行如此细致的区分，仅以"葡萄"入药。除此之外，该书还记录了众多葡萄酿酒入药的资料，如"与陈葡萄酒同服""葡萄酒脚干者"等，说明热葡萄酒、陈葡萄酒、新鲜葡萄酒、熟葡萄酒及干葡萄酒均作药用，用途不一，可用于冲服、熬药、浸泡等。葡萄入药知识沿袭至明代，内容较以往大大丰富，主要表现在药用范围和药理知识的增加与阐释。此前医籍中缺少的葡萄五行属性和应用人群差异也得到了增补和完善。

清代大多医家继承了李时珍的观点，并在配伍和适应证方面有所发展。如《医宗金鉴》中记载透骨搜风散："透骨草（白花者，阴干）、生芝麻、羌活、独活、小黑豆、紫葡萄、槐子、白糖、六安茶、核桃肉各一钱五分，生姜三片，红枣肉三枚。水三钟，煎一钟，露一宿，空心热服，盖被出汗，避风。透骨搜风散梅毒，筋骨微疼痒皮肤，芝麻羌独豆葡萄，槐子糖茶核桃肉。"本方有祛风湿、解毒的作用。

《赤水玄珠》中亦记载一方剂柳花散,用于治疗"室女发热经行"。具体方剂如下:"柳花五七钱,紫草一两二钱,升麻九钱,归身七钱半。上为末。每服七钱,葡萄煎汤调下。"

《本经逢原》中记载一葡萄外用方,具体如下:"强肾:琐琐葡萄、人参各一钱。火酒浸一宿,清晨涂手心,摩擦腰脊,能助膂力强壮,若卧时摩擦腰脊,力能助肾坚强,服之尤为得力。"

《医级宝鉴》中记录了葡硝散一方:"治牙龈肿痛,势欲成痈者:葡萄干去核,填满焰硝煅之。焰过,取置地上成炭,研末擦之,涎出,任吐自瘥。"这些验方的提出均为临床用药提供参考。

明清时期葡萄的产地从西北地区扩展到了云南等地,其入药范围也在承袭前人的基础上不断增加,葡萄的药用价值得到了更多的认可和接纳。

自《神农本草经》起,历代本草著作都有葡萄和葡萄科植物的记载,如《备急千金要方》《唐本草》《证类本草》《嘉祐本草》《本草纲目》等,各类本草文献中葡萄性味、归经、功效主治的描述都有一定差异。我们梳理文献后发现:在性味方面,葡萄以甘、平为主,也有医家认为其性或酸或涩,可能与其用药部位有关。在用药部位方面,葡萄多以果实入药,到了明清时期,葡萄的用药部位有了明显的扩展,根、藤、叶均可入药。在功效方面,宋代以前历代医家认识到葡萄具有强筋壮骨、益气补中、逐水饮、利小便等功效,亦可作酒。宋代以后,随着医学的发展,众医家对葡萄的适用范围有了新的认识和体会,这一点在相应著作中均有体现。他们认为葡萄亦可用于治疗痘疮不出、腰腿疼痛、胎动不安、便秘等病证,功效的增补大大丰富了葡萄的使用价值。在食用禁忌方面,众医家均认为葡萄不可多食,否则可有化火生风之力,引起烦闷、眼昏、泄泻等,严重者可引发疮疡疔疖。故医者在临证处方时应注意使用宜忌。

四、现代

现代医学多不直接将葡萄作为处方用药，而是提取葡萄籽等有效成分或将葡萄制成食疗方进行食用。

随着种植技术的不断提高，葡萄已在全国各地进行种植。现代医学认为，葡萄具有助消化和增强免疫力等作用，被科学家誉为"植物奶"。有研究发现，葡萄具有维生素 P 的活性，口服葡萄籽油 15g 可降低胃酸度，口服葡萄籽油 12g 可利胆（胆绞痛发作时无效），口服葡萄籽油 40 ～ 50g 有止泻作用。叶、茎有收敛作用，但无抗菌效力。现代医家也在不断的实践探索中发现了葡萄的新功用。大量研究表明，从葡萄中提取的原花色素及白藜芦醇类物质具有预防多种癌症及白血病的潜力。有研究显示，葡萄籽油对 HT-29 结肠癌细胞增殖有显著的抑制作用。张丽明团队从分子角度探讨葡萄籽油的抗癌和抗肿瘤机制，认为葡萄籽油治疗癌症和肿瘤的成分多样、途径众多。常旭红团队经过研究发现，葡萄籽原花青素提取物对化疗药物顺铂引起的睾丸毒性具有保护作用，主要通过激活 PI3K/Akt/mTOR、抑制 Bad/Cytc/caspase-9/ 钙蛋白酶Ⅰ通路来实现。李晓民团队经过实验研究认为，葡萄籽原花青素具有抑制人皮肤鳞状细胞癌 A431 细胞增殖的能力，可以诱导细胞凋亡。该团队的研究成果为皮肤癌的治疗提供了新的思路和方向。除具有抗癌潜力外，许多医家发现，葡萄籽在美容方面也起着举足轻重的作用。葡萄籽中含有多种多酚类物质，如儿茶素类和原花青素类，这些物质的抗氧化功效突出，在延缓衰老和增强免疫力方面效果显著。吴映梅认为，葡萄籽中富含多种营养物质，可制成面膜，改善皮肤干燥、弹性差等问题，同时也可加入洗发成分中，增强洗发水的抗氧化能力。葡萄籽的抗癌和美容作用近年来备受关注。随着研究的不断深入，葡萄籽的抗癌种类得以拓展，抗癌效用显著。葡萄籽延缓衰老、嫩滑肌肤的功用也得到越来越多医家的认可和赞同，许多化妆品供应商将葡萄籽作为抗衰老成分的第一选择。

在研究现代机制的同时，葡萄食疗方的不断涌现也为人们的日常养生另辟蹊径。汤铁城医师提出了补阴抗疲劳的食补方法，具体如下："取鲜葡萄捣碎过滤取汁，放入陶瓦罐内用微火熬稠，再加入熟蜜少许搅匀，停火候冷，贮藏备用，需时饮之。此方酸甘化阴，强筋健骨，适用于津液亏损或内热伤阴所致的口燥咽干、消瘦、尿短等疲乏烦躁者。"房柱创制了鲜葡萄饮验方用于治疗急性前列腺炎，原方如下：鲜葡萄250g。将鲜葡萄洗净，去皮、去核，捣烂后加适量温开水饮用。每日1或2次，连服2周。功效：补气血，强筋骨，利小便，和中健胃。还有诸多食疗方，在此不一一赘述。

现代学者对葡萄的研究不再停留于葡萄本身，已逐渐转向葡萄的副产品如葡萄籽，并通过高精尖技术提取有效成分，研究内在药理机制，为葡萄疗效的扩增提供了理论依据。得益于科技的发展，葡萄的适用范围继续扩大，临床普及率的提升为更多的患者带来福音。

葡萄是经丝绸之路传入中原的外来物种，作为药用有着漫长的历史演变过程。历代医家均有使用葡萄的经验。汉唐时期为葡萄入药的萌芽和初始阶段，这一时期葡萄已作为治疾验药，并在民间广泛应用，葡萄酒和葡萄醋的药用价值也被发掘。宋元时期，葡萄的药用范围不断扩大，医家们用药已经不局限于葡萄本身，他们认识到葡萄的根、叶等均有各自的适用范围，若适当运用可有良效。这一时期的著名医家苏颂提出葡萄单独服用或酿酒服可治疗疮疹不发之病症。这一观点正确与否仍需现代医家进一步验证。科技的发展为现代医家深入研究葡萄的药理机制提供了极大的便利，现有许多先进的研究均表明，葡萄及其提取物具有抗癌、美容等诸多益处。随着葡萄相关研究的持续深入，或许会为肿瘤等疑难杂症的治疗提供新思路。

第一章　本草典籍里的葡萄

第 一 节

春秋战国至秦汉时期

《神农本草经》

（一）《神农本草经》简介

《神农本草经》又名《神农本草》，简称《本草经》《本经》，是我国现存最早的药学专著，撰人不详，神农为托名。其成书年代自古就有不同考论，或谓成书于战国时期，或谓成书于秦汉时期。原书早佚，现行本为后世从历代本草典籍中集辑的。该书最早著录于《隋书·经籍志》，载《神农本草》4 卷，雷公集注；《旧唐书·经籍志》《唐书·艺文志》均录《神农本草》3 卷；宋《通志·艺文略》录《神农本草》8 卷，陶隐居集注；明《国史·经籍志》录《神农本草》3 卷；《清史稿·艺文志》录《神农本草》3 卷。本书历代有多种传本和注本，现存最早的辑本为明代卢复辑《神农本经》（1616 年），流传较广的辑本有清代孙星衍、孙冯翼辑《神农本草经》（1799 年），以及清代顾观光辑《神农本草经》（1844 年）、日本森立之辑《神农本草经》（1854 年）。

书凡 3 卷，载药 365 种，其中植物药 252 种，动物药 67 种，矿物药 46 种。根据药物的效能和使用目的不同，分为上、中、下三品，立为 3 卷分别论述。卷一为上经，论上药 120 种，为君，主养命以应天，无毒，多服、久服不伤人。欲轻身益气、不老延年者，本上经。卷二为中经，论中药 120 种，为臣，主养性以应人，无毒、有毒，斟酌其宜。欲遏病补羸者，本中经。卷三为下经，论下药 125 种，为佐使，主治病以应地，多毒，不可久服。欲除寒热邪气、破积聚、愈疾者，本下经。

　　本书系统地总结了我国秦汉时期以前的药学知识和用药经验，为中药学和方剂学的发展奠定了基础，至今仍是研究中药和方剂的最重要的经典文献之一。

（二）《神农本草经》所见葡萄记载

《神农本草经·上经》

　　葡萄：味甘，平。主筋骨湿痹，益气，倍力，强志，令人肥健，耐饥忍风寒。久食轻身，不老延年。可作酒。生山谷。

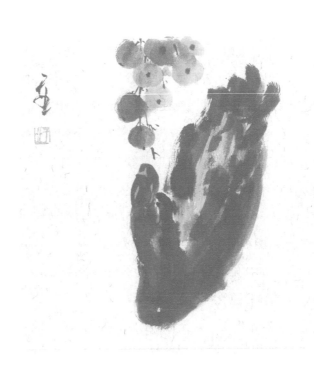

第 二 节
唐宋时期

一、《新修本草》

（一）《新修本草》简介

《新修本草》成书于659年，唐代苏敬等撰，世称《唐本草》，是世界上最早的一部由国家颁布的药典，比欧洲的《纽伦堡药典》要早800余年。

本书有本草20卷，目录1卷，又有药图25卷，图经7卷，共计53卷。载药844种。所载药物中，有一部分是外来药物，如安息香、龙脑香、胡椒、诃黎勒等。全书分玉石、草、木、兽禽、虫、鱼、果、菜、米谷、有名未用等类。

本书在编写中对《本经》保存原貌，同时在学术上能采纳群众意见，做到上禀神规，下询众议。本书有文、有图，图文对照，便于学者学习。这种编写方法开创了药学著作的先例。所以，唐代政府规定该书为学医者必读之书。它对我国药学的发展起着推动作用，流传达300年之久，直到宋代《开宝本草》问世，才代替了它在医药界的位置。《新修本草》在国外也有一定的影响力，如713年日本就有此书的传抄本。日本律令《延喜式》记载："凡医生皆读苏敬新修本草。""凡读医经者，《太素》限四百六十日，《新修本草》三百一十日。"这也说明本书对日本医药事业影响之深远。

本书原著已不全，现仅有本草部分残卷的影印本，但原书的主要内容，还可从《证类本草》《本草纲目》中见到。现有复辑本问世，名曰《新修本草》。

（二）《新修本草》所见葡萄记载

1.《新修本草·卷第十七·果上》

葡萄：味甘，平，无毒。主筋骨湿痹，益气，倍力，强志，令人肥健，耐饥，忍风寒。久食轻身不老，延年。可作酒，逐水，利小便。生陇西、五原、敦煌山谷。

魏国使人多赍来，状如五味子而甘美，可作酒，云用其藤汁殊美好。北国人多肥健耐寒，盖食斯乎？不植淮南，亦如橘之变于河北矣。人说即是此间蘡薁，恐如彼之枳类橘耶？

谨案：蘡薁与葡萄亦同，然蘡薁是千岁藁。葡萄作酒法，总收取子汁酿之自成酒。

蘡薁，山葡萄，亦堪为酒。陶景言用藤汁为酒，谬矣。

2.《新修本草·卷第十九·米中》

酒：味苦、甘、辛，大热，有毒。主行药势，杀百邪恶毒气。

大寒凝海，惟酒不冰，明其热性独冠群物。药家多须，以行其势。人饮之，使体弊神昏，是其有毒故也。昔三人晨行触雾，一人健，一人病，一人死。健者饮酒，病者食粥，死者空腹，此酒势辟恶，胜于食。

谨案：酒，有葡萄、秫、黍、粳、粟、曲、蜜等，作酒醴以曲为，而葡萄、蜜等，独不用曲。饮葡萄酒，能消痰破癖。诸酒醇醨不同，惟米酒入药用。

3.《新修本草·卷第十九·米下》

醋：味酸，温，无毒。主消痈肿，散水气，杀邪毒。

醋酒为用，无所不入，逾久逾良，亦谓之醯。以有苦味，俗呼苦酒。丹家又加余物，谓为华池左味，但不可多食之，损人肌藏耳。

谨案：醋有数种，此言米醋。若蜜醋、麦醋、曲醋、桃醋、葡萄、大枣等诸杂果醋，及糠糟等醋会意者，亦极酸烈，止可啖之，不可入药用也。

二、《本草图经》

（一）《本草图经》简介

《本草图经》由宋代苏颂等编撰，又名《图经本草》，是北宋嘉祐年间（1056—1063 年）由政府组织相关人员编绘的一部大型本草图谱。《本草图经》编绘时仿照唐《新修本草》收集资料的办法，在全国开展药物大普查，诏令各地贡献实地写生药图（标本）及解说，药图与标本、解说送至京城汇齐以后，由苏颂等人加以编辑整理，于 1061 年编成。

《本草图经》全书 21 卷（含目录 1 卷），载药 780 种，包括民间草药 103 种。书中对 635 种药绘制了 933 幅药图（有的药因产地不同绘有几种图形）。书中记载了药物的产地、季节、形态及鉴别方法等，内容详尽，收罗广泛，是我国古代较完整的本草学著作之一。明代医药学家李时珍曾评价此书："考证详明，颇有发挥。但图与说异，两不相应，或有图无说，或有失图，或说是图非。"限于当时条件，书中难免存在一些缺点，但就其内容来说，仍有较大的科学价值。此书虽已散佚，但其主要内容仍散见于各大巨著，如陈承的《重广补注神农本草图经》、唐慎微的《大观本草》、李时珍的《本草纲目》等。从《本草图经》的图解中可以得知，当时贡上的图片有一些是彩色的，只是限于彩印条件还不具备，无法表现这些成果。因此，我们现在看到的全是墨线条图。

（二）《本草图经》所见葡萄记载

《本草图经·卷第二十五·酒》

酒：味苦、甘、辛，大热，有毒。主行药势，杀百邪恶毒气。

陶隐居云：大寒凝海，唯酒不冰，明其性热独冠群物。药家多须，以行其势。人饮之，使体弊神昏，是其有毒故也。昔三人晨行触雾，一人健，一人病，一人死。健者饮酒，病者食粥，死者空腹。此酒势辟恶，胜于食。

唐本注云：酒，有葡萄、秫、黍、粳、粟、曲、蜜等，作酒醴以曲为，而葡萄、蜜等，独不用曲。饮葡萄酒，能消痰破癖。诸酒醇醨不同，惟米酒入药用。臣禹锡等谨按陈藏器云：酒，本功外，杀百邪，去恶气，通血脉，浓肠胃，润皮肤，散石气，消忧发怒，宣言畅意。

书曰：若作酒醴尔，唯曲。苏恭乃广引葡萄、蜜等为之。

三、《证类本草》

（一）《证类本草》简介

《证类本草》是北宋药物学集大成之著，全称《经史证类备急本草》，31 卷，60 余万言。因其广泛地辑录文献，许多已散失的医方赖其得以留存。本书由北宋唐慎微撰于元丰五年（1082 年）前后。唐慎微，字审元，蜀州晋原（今四川崇州）人，后迁居成都行医，医术高明。他为士人治病，不要报酬，只求给他提供医药资料。《证类本草》中广博的资料就是用这种方法收集到的。

唐慎微在医药上的最大贡献是著述药物学专著《证类本草》，他以《嘉祐本草》和《本草图经》为基础，参阅了《新修本草》《本草拾遗》等专著，总结宋代以前历代药物学成就。《证类本草》内容非常丰富，载药 1558 种，新增药物达 476 种，如灵砂、桑牛等皆为首次载入。在药物主治等方面，该书详加阐述与考证，每药还附以制法，为后世提供了药物炮制资料。该书具有很高的文献价值，唐氏选辑书目达 200 余种，除医药著作外，还辑录了《经史外传》《佛书道藏》等书中有关医药方面的资料。其在辑录古代文献时，忠实于原貌，以采录原文为主，为研究六朝、隋唐、五代的药物和方剂学，以及辑佚和整理古典医籍，提供了宝贵资料。

（二）《证类本草》所见葡萄记载

《证类本草·卷第二十三·果上品》

葡萄：味甘，平，无毒。主筋骨湿痹，益气，倍力，强志，令人肥健，耐饥，忍风寒。久食轻身，不老延年。可作酒。逐水，利小便。生陇西、五原、敦煌山谷。

陶隐居云：魏国使人多赍来，状如五味子而甘美，可作酒，云用其藤汁殊美好。北国人多肥健耐寒，盖食斯乎？不植淮南，亦如橘之变于河北矣。人说即此间蘡薁，恐如彼之枳类橘耶？

唐本注云：蘡薁与葡萄相似，然蘡薁是千岁藟。葡萄作酒法，总收取子汁酿之自成酒。蘡薁，山葡萄，并堪为酒。

陶云：用藤汁为酒，谬矣。

臣禹锡等谨按蜀本《图经》云：蔓生，苗叶似蘡薁而大。子有紫、白二色，又有似马乳者，又有圆者，皆以其形为名。又有无核者。七月、八月熟。子酿为酒及浆，别有法。谨按，蘡薁是山葡萄，亦堪为酒。

孟诜云：葡萄，不问土地，但收之酿酒，皆得美好，或云子不堪多食，令人猝烦闷，眼暗。根浓煮汁，细细饮之，止呕哕及霍乱后恶心。妊孕人，子上冲心，饮之即下，其胎安。

《药性论》云：葡萄，君，味甘、酸。除肠间水气，调中，治淋，通小便。

段成式《酉阳杂俎》云：葡萄，有黄、白、黑三种，成熟之时，子实通侧也。

《图经》曰：葡萄，生陇西、五原、敦煌山谷，今河东及近京州郡皆有之。苗作藤蔓而极长大，盛者，一二本绵被山谷间。花极细而黄白色。其实有紫、白二色，而形之圆锐亦二种。又有无核者。皆七月、八月熟。取其汁，可以酿酒。

谨按《史记》云：大宛以葡萄为酒，富人藏酒万余石，久者十数岁不败。张骞使西域，得其种而还，种之，中国始有。盖北果之最珍者。

魏文帝诏群臣说葡萄云：醉酒宿醒，掩露而食，甘而不饴，酸而不酢，冷而不寒，味长汁多，除烦解悁，他方之果宁有匹之者？今大原尚作此酒，或寄至都下，犹作葡萄香。根、苗中空相通，圃人将货之，欲得厚利，暮溉其根，而晨朝水浸子中矣。故俗呼其苗为木通，逐水利小肠尤佳。今医家多暴收其实，以治时气。发疮疹不出者，研酒饮之甚效。江东出一种，实细而味酸，谓之蘡薁子。

衍义曰：葡萄，先朝西夏持师子来献，使人兼赍葡萄遗州郡，比中国者皆相似。最难干，不干不可收，仍酸渐不可食。李白所谓"胡人岁献葡萄酒"者是此。疮疱不出，食之尽出。多食皆昏人眼。波斯国所出，大者如鸡卵。

四、《增广和剂局方药性总论》

（一）《增广和剂局方药性总论》简介

药学著作《增广和剂局方药性总论》共3卷，北宋陈师文等编，后经多次修订，刊于十二世纪初（北宋末）。本书原为《和剂局方》（后改称《太平惠民和剂局方》）的附录部分，后抽出印单行本。内容系选录《证类本草》中的常用药（也是《和剂局方》中的常用药物），删去序例，分类法不变，内容做了适当删减。该书是《证类本草》的一种节要著作，现有《学津讨原》本。

（二）《增广和剂局方药性总论》所见葡萄记载

《增广和剂局方药性总论·果部·三品》

葡萄，味甘，平，无毒。主筋骨湿痹，益气，倍力，强志，令人肥健，耐饥，忍风寒，可作酒，逐水，利小便。孟诜云：子不堪多食，令人猝烦闷，眼暗。根：浓煮汁止呕哕，霍乱后恶心，孕人子上冲心。饮之即下，其胎安。《药性论》云：君。除肠间水气，调中，治淋，通小便。一云：治时气，发疮疹不出者。

五、《本草衍义》

（一）《本草衍义》简介

《本草衍义》成书于 1116 年，宋代寇宗奭编著。此书强调要按年龄老少、体质强弱、疾病新久等决定药量。这在临床上很有意义。所以，李时珍评之曰："参考事实，核其情理，援引辨证，发明良多。东垣、丹溪诸公亦多尊信之。"

该书载药物 460 种，阐发药性较详尽，对辨认药物的真伪优劣亦有详细阐述。

（二）《本草衍义》所见葡萄记载

1.《本草衍义·卷十八》

先朝西夏持师子来献，使人兼赍葡萄遗州郡，比中国者皆相似。最难干，不干不可收，仍酸渐不可食。李白所谓"胡人岁献葡萄酒"者是此。疮疱不出，食之尽出。多食皆昏人眼。波斯国所出，大者如鸡卵。

2.《本草衍义·卷二十》

《吕氏春秋》曰：仪狄造酒。《战国策》曰：帝女仪狄造酒，进之于禹。然《本草》中已著酒名，信非仪狄明矣。又读《素问》首言以妄为常，以酒为浆。如此则酒自黄帝始，非仪狄也。古方用酒，有醇酒、春酒、社坛余胙酒、槽下酒、白酒、青酒、好酒、美酒、葡萄酒、秫黍酒、粳酒、蜜酒、有灰酒、新熟无灰酒、地黄酒。今有糯酒、煮酒、小豆曲酒、香药曲酒、鹿头酒、羔儿等酒。今江浙、湖南北，又以糯米粉入众药，和合为曲，曰饼子酒。至于官务中，亦用四夷酒，更别中国，不可取以为法。今医家所用酒，正宜斟酌。

明清时期

一、《滇南本草》

（一）《滇南本草》简介

兰茂所著的《滇南本草》，是我国现存古代地方性本草书籍中较为完整的作品。这本有着中医药精华汇编性质的医学著作，早李时珍的《本草纲目》140多年。滇南名士兰茂，字廷秀，号止庵，生于明洪武三十年（1397年），卒于成化十二年（1476年），云南嵩明人，原籍河南洛阳。主要医学著作有《滇南本草》2卷，附《医门揽要》2卷。

《滇南本草》是一部记述西南高原地区药物，包括民族药物在内的珍贵著作，全书共3卷流传于世，载药458种，也是我国第一部地方本草专著。民间称兰茂为布衣科学家。在研究云南本草的过程中，兰茂不仅仔细分辨药物的性质、气味、味道，还认真地考察了各种草本生长的环境、生长条件，然后绘为图，详加叙述。《滇南本草》中不仅记载了云南草木蔬菜中可作药者，以及许多少数民族医药与汉族医药相互结合的实例，还记述了若干药材的用药经验及民间秘方等。

《滇南本草》书中所载的许多药物都是《本草纲目》未载之药，为我国中医药学的完善作出了很大的贡献，尤其对云南本土医药研究具有宝贵价值。《滇南本草》成书至今已近600年，被历代云南人奉为滇中至宝。多年来，其不仅在药物学方面的内容日臻完善，还在地名研究、酒文化及历史研究等方面都具有颇高的价值，被称为药物学的《红楼梦》。

（二）《滇南本草》所见葡萄记载

《滇南本草·卷一》

葡萄，味甘、酸，性微温，无毒。主治筋骨湿痹，益气力，令人肥健，治痘疹毒，其走下之性，渗水道，利小便。胎气上冲，煎汤饮之即下。不宜多食。昔李太白酿酒，常饮此可轻身耐老，但服而有益者，惟每日临卧时饮三杯，多则不效。采叶贴无名肿毒，最良。

山葡萄，味甘、酸，性平，无毒。主治清火益气，消渴，悦颜色。不可多食。

二、《本草品汇精要》

（一）《本草品汇精要》简介

《本草品汇精要》成书于明弘治十八年（1505年），由刘文泰等撰辑。本书所录药目主要取材于《神农本草经》《名医别录》及唐、宋本草著作，计分玉石、草、木、人、兽、禽、虫鱼、果、米谷、菜十部。每部所载药品，按《本经》之例，分上、中、下三品，共载新旧药品1815种，计42卷。每部各药名下首先朱书《神农本草经》的相关原文，次以墨书《名医别录》的内容，再次又分名、苗、地、时、收、用、质、色、味、性、气、臭、主、行、助、反、制、治、合、禁、代、忌、解、赝24项（24项非每药悉具），分别描述每药的异名、产地、采集、色质、制法、性味、功效、主治、配伍、禁忌、真伪等。各项的注释都根据历代本草所述；其据诸家的注释而不需逐一详名者，题回"别录"（非《名医别录》）；对其近代用效而众论同，旧本欠发挥者，另加注解，题曰"谨按"。

本书的优点是分项精确，叙述简明，使读者能系统地了解每一种药物；其缺点是主要材料摘自历代本草，而不是作者从实际观察研究出来的论断，所以虽有增补，但发明不多。

本书有明代的绘写本及清代的重抄本。现所见到的版本是商务印书馆据散失前的清代重抄本晒蓝底本排版重印而发行的。

（二）《本草品汇精要》所见葡萄记载

《本草品汇精要·卷之三十二·果部上品》

葡萄（出《神农本经》），主筋骨湿痹，益气，倍力，强志，令人肥健，耐饥，忍风寒，久食轻身不老，延年。可作酒……生；三月苗，四月花，随结实……七月、八月取实。

三、《食物本草》

（一）《食物本草》简介

《食物本草》共4卷，成书年代约在明正德年间（1506—1521年）。全书取诸家本草之系于食品者385种，分为水、谷、菜、果、禽、兽、鱼、味8类，详述所辑食物的性味、功效、有无毒性、主治病症、用法及禁忌等，在各大门类之后，附有段落性结语。该书是明代乃至中国历史上重要的食疗专著，对当今的食疗研究及临床应用具有良好的参考和实用价值。

《食物本草》版本繁多，流传至今的计有9部，各部著作的内容大体相同，但卷数与署名作者都不尽相同。目前学界认可的版本主要有两种，其一为卢和所著《食物本草》，据李时珍《本草纲目》记载："正德时九江知府汪颖撰（《食物本草》），东阳卢和，字廉夫，尝取本草之系于食品者编次此书。颖得其稿，厘为二卷。"其二为薛己所著《食物本草》，成书时间大致在正德末年。另在《中国本草全书》收录影印彩绘本《食物本草》的序言中，编者又对该书的版本进行了简略的考究，其观点为《食物本草》一书的著者既不是卢和也不是薛己，实际可能为刘文泰等太医院判。行文中既列举出了对卢、薛二人作为本书著者的存疑点，又分析了刘文泰等人可能为著者的支撑点，分析较为详尽，形成了另一种分析《食物本草》一书著者的观点。

（二）《食物本草》主要版本示例

（1）明代卢和著《食物本草》4卷，分8部，成书于正德年间。

（2）明代薛己撰《本草约言》（简称薛本）。此书卷一、卷二为《药性本草》，卷三、卷四为《食物本草》，分8部，共收药物385种。

（3）明代胡文焕校《食物本草》（简称胡本）。此书共2卷，分8部，共收药物386种。

（4）明代钱允治补订《食物本草》（简称钱本）。此书共7卷，分8类，收食药384种。

（三）《食物本草》所见葡萄记载

1.《食物本草·卷二·果类》

葡萄，味甘、平，无毒。主筋骨湿痹，益气力，令人肥健耐寒，利小便，疮疹不发。取其子，汁酿酒甚美，不可多食。其形色非一类，大抵功用有优劣也。丹溪云：葡萄能下走渗道。西北人禀厚，食之无恙。东南人食多，则病热矣。

2.《食物本草·卷四·味类》

葡萄酒，补气调中，然性热，北人宜，南人多不宜也。

四、《本草约言》

（一）《本草约言》简介

《本草约言》4卷，原题明代薛己编辑，实为后人托名之作，成书年代不详。卷一、卷二为《药性本草约言》，分草、木、果、菜、米谷、金石、人、禽兽、虫鱼9部，共收本草285种，每药主要记述功效及用药法。卷三、卷四为《食物本草约言》，分水、谷、菜、果、禽、兽、鱼、味8部，共收本草391种，多为日常食物，每一本草注出性味功效，间或记有物品形态、产地，内容基本源于明代卢和《食物本草》，对后世本草学影响甚大。

（二）《本草约言》所见葡萄记载

《本草约言·卷之二·果部》

味甘、平，无毒。主筋骨湿痹，益气力，令人肥健，耐寒，利小便，疮疹不发。取其子汁酿酒甚美。不可多食。其形色非一类，大抵功用有优劣也。

丹溪云：葡萄能下走渗道，西北人禀厚，食之无恙，东南人食多，则病热矣。

五、《本草纲目》

（一）《本草纲目》简介

《本草纲目》，本草类著作，52卷，明代李时珍撰。李时珍，字东璧，晚年自号濒湖山人，蕲州（今湖北蕲春）人。父言闻，幼习儒，补诸生，后三试于乡未考中，遂以医为业。李时珍曾做楚王的奉祠，主管王府内的医疗等事务。楚王的嫡长子暴厥，时珍药到病除，遂被推荐到太医院供职，一年后时珍告退，回乡后潜心专于《本草纲目》的编纂工作。此外，他还著有《濒湖脉学》《奇经八脉学》《三焦客难》《命门考》《五脏图论》《濒湖医案》等著作。

《本草纲目》始作于嘉靖三十一年（1552年），完成于万历六年（1578年），收载药物1892种，其中整理《经史证类备急本草》所载药1479种，金元诸家所辑药物39种，新增药物374种。全书分为16部：水、火、土、金石、草、谷、菜、果、木、服器、虫、鳞、介、禽、兽、人，并进一步细分为60类，附方万余首，插图千余幅。每种药物皆以正名、释名、集解、正误、修治、气味、主治、发明、附方为次序。本书参考800余家著作，并将所引书名、人名注于引文之后。此外，李时珍注重实践，深入民间采访。因此,李时珍认为其书"上自坟、典,下及传奇,凡有相关,靡不收掇"。《本草纲目》总结了我国十六世纪前药物学的理论和实践经验。全书规模宏大,内容丰富,资料完备,纠正了许多旧本草著作中的错误,提出了更为科学的药物分类方法,纲目分明,条理清晰。明代著名文学家王世贞评价该书为"性理之精微,格物之通典,帝王之秘箓,臣民之重宝"。此外,本书对生物、化学、地理、地质、采矿等领域均有较大贡献。

李时珍逝世后,明万历二十一年(1593年),此书由金陵胡成龙初刊印行,即金陵本,或称胡本。万历三十一年(1603年),夏良心、张鼎思等人重刊此书于江西,书后附刊《濒湖脉学》及《奇经八脉考》。此后明末清初的《本草纲目》多以此为底本。1977—1982年由人民卫生出版社铅印的刘衡如校勘本即是以江西本为底本。1640年钱蔚起六有堂以夏良心的江西本为底本重刊《本草纲目》,即武林本或钱衙本。此版本出现后,十七世纪中期至十九世纪末期,国内及日本重刊的《本草纲目》均在此基础上衍化出来,形成武林本系统。光绪十一年(1885年),合肥张绍棠重新校刻《本草纲目》于南京。该书与初刊本有较多不同之处,版刻较精美,书末另附刊有《濒湖脉学》《奇经八脉考》《本草万方针线》及《本草纲目拾遗》。自此,清末以后各刊本均以此为依据,形成南京味古斋本系统。自十七世纪以后,国外已将《本草纲目》的部分内容译成外文,包括朝、日、英、法、德、拉丁等文字,但全书完整的译本主要是日文译本。

(二)《本草纲目》所见葡萄记载

1.《本草纲目·第三卷·百病主治上》

山楂、葡萄藤叶、蘡薁藤,并主呕啘厥逆,煮汁饮。

2.《本草纲目·第四卷·百病主治下》

疗疮……野葡萄根,先刺疗上,涂以蟾酥,乃擂汁,入酒,调绿豆粉,饮醉而愈。

杨梅疮……葡萄汁调药。

3.《本草纲目·第二十五卷·谷部四》

醋。集解：恭曰，醋有数种，有米醋，麦醋，麴醋，糠醋，糟醋，饧醋，桃醋，葡萄、大枣、蘡薁等诸杂果醋，会意者亦极酸烈，惟米醋二三年者入药。余止可啖，不可入药也。诜曰，北人多为糟醋，江河人多为米醋，小麦醋不及。糟醋为多妨忌也。大麦醋良。藏器曰，苏言葡萄、大枣诸果堪作醋，缘渠是荆楚人，土地俭啬，果败则以酿酒也。糟醋犹不入药，况于果乎？

酒。集解：恭曰，酒有秫、黍、粳、糯、粟、麴、蜜、葡萄等色。凡作酒醴须麴，而葡萄、蜜等酒独不用麴……藏器曰，凡好酒欲熟时，皆能候风潮而转，此是合阴阳也。诜曰，酒有紫酒、姜酒、桑椹酒、葱豉酒、葡萄酒、蜜酒，及地黄、牛膝、虎骨、牛蒡、大豆、枸杞、通草、仙灵脾、狗肉等，皆可和酿作酒，俱各有方。

集解：诜曰，葡萄可酿酒，藤汁亦佳。时珍曰，葡萄酒有二样：酿成者味佳，有如烧酒法者有大毒。酿者，取汁同麴，如常酿糯米饭法。无汁，用干葡萄末亦可。魏文帝所谓葡萄酿酒，甘于麴米，醉而易醒者也。烧者，取葡萄数十斤，同大麴酿酢，取入甑蒸之，以器承其滴露，红色可爱。古者西域造之，唐时破高昌，始得其法。按：《梁四公记》云：高昌献葡桃干冻酒。杰公曰：葡桃皮薄者味美，皮厚者味苦。八风谷冻成之酒，终年不坏。叶子奇《草木子》云：元朝于冀宁等路造葡桃酒，八月至太行山辨其真伪，真者下水即流，伪者得水即冰冻矣。久藏者，中有一块，虽极寒，其余皆冰，独此不冰，乃酒之精液也，饮之令人透腋而死。酒至二三年，亦有大毒。《饮膳正要》云：酒有数等，出哈喇火者最烈，西番者次之，平阳、太原者又次之。或云：葡萄久贮，亦自成酒，芳甘酷烈，此真葡萄酒也。

4.《本草纲目·第二十八卷·菜部三至五》

苦瓜（救荒）。释名：锦荔枝（救荒）、癞葡萄。时珍曰，苦以味名。瓜及荔枝、葡萄，皆以实及茎、叶相似得名。集解：周定王曰，锦荔枝即癞葡萄，蔓延草木。茎长七八尺，茎有毛涩。叶似野葡萄，而花又开黄花。

实大如鸡子，有皱纹，似荔枝。时珍曰，苦瓜原出南番，今闽、广皆种之。

5.《本草纲目·第三十三卷·果部五、六》

葡萄。释名：蒲桃（古字）、草龙珠。时珍曰：葡萄，《汉书》作蒲桃，可以造酒，人醋饮之，则酶然而醉，故有是名。其圆者名草龙珠，长者名马乳葡萄，白者名水晶葡萄，黑者名紫葡萄。《汉书》言：张骞使西域还，始得此种，而《神农本草》已有葡萄，则汉前陇西旧有，但未入关耳。集解:《别录》曰：葡萄生陇西、五原、敦煌山谷。弘景曰：魏国使人多赍来南方。状如五味子而甘美，可作酒，云用藤汁殊美。北人多肥健耐寒，盖食斯乎？不植淮南，亦如橘之变于河北也。人说即是此间，蘡薁恐亦如枳之与橘耶？恭曰：蘡薁即山葡萄，苗、叶相似，亦堪作酒。葡萄取子汁酿酒，陶云用藤汁，谬矣。颂曰：今河东及近汴州郡皆有之。苗作藤蔓而极长，太盛者一二本绵被山谷间。花极细而黄白色。其实有紫、白二色，有圆如珠者，有长似马乳者，有无核者，皆七月、八月熟，取汁可酿酒。按《史记》云：大宛以葡萄酿酒，富人藏酒万余石，久者十数年不败。张骞使西域，得其种还，中国始有。盖北果之最珍者，今太原尚作此酒寄远也。其根、茎中空相通，暮溉其根，而晨朝水浸子中矣。故俗呼其苗为木通，以利小肠。江东出一种，实细而酸者，名蘡薁子。宗奭曰：段成式言：葡萄有黄、白、黑三种。《唐书》言：波斯所出者，大如鸡卵。此物最难干，不干不可收。不问土地，但收皆可酿酒。时珍曰：葡萄，折藤压之最易生。春月萌苞生叶，颇似栝楼叶而有五尖。生须延蔓，引数十丈。三月开小花成穗，黄白色。仍连着实，星编珠聚，七八月熟，有紫、白二色。西人及太原、平阳皆作葡萄干，货之四方。蜀中有绿葡萄，熟时色绿。云南所出者，大如枣，味尤长。西边有琐琐葡萄，大如五味子而无核。按:《物类相感志》云：甘草作钉，针葡萄，立死。以麝香入葡萄皮内，则葡萄尽作香气。其爱憎异于他草如此。又言：其藤穿过枣树，则实味更美也。《三元延寿》书言：葡萄架下不可饮酒，恐虫屎伤人。实，气味甘、平、涩，无毒。诜曰：甘、酸，温。多食，令人卒烦闷、眼暗。主治：筋骨湿痹，益气倍力强志，令人肥健，耐饥忍风寒。久食轻身不老，延年。可作酒（《本

经》）。逐水，利小便（《别录》）。除肠间水，调中治淋（甄权）。时气痘疮不出，食之，或研酒饮，甚效（苏颂）。发明：颂曰：按：魏文帝诏群臣曰：蒲桃当夏末涉秋，尚有余暑，醉酒宿醒，掩露而食。甘而不饴，酸而不酢，冷而不寒，味长汁多，除烦解渴。又酿为酒，甘于曲蘖，善醉而易醒。他方之果，宁有匹之者乎？震亨曰：葡萄属土，有水与木火。东南人食之多病热，西北人食之无恙。盖能下走渗道，西北人禀气厚故耳。附方：新三。除烦止渴：生葡萄捣滤取汁，以瓦器熬稠，入熟蜜少许同收，点汤饮甚良（《居家必用》）。热淋涩痛：葡萄（捣取自然汁）、生藕（捣取自然汁）、生地黄（捣取自然汁）、白沙蜜各五合……胎上冲心：葡萄，煎汤饮之，即下（《圣惠方》）。

　　根及藤、叶。气味：同实。主治：煮浓汁细饮，止呕哕及霍乱后恶心，孕妇子上冲心，饮之即下，胎安（孟诜）。治腰脚肢腿痛，煎汤淋洗之良。又饮其汁，利小便，通小肠，消肿满（时珍）。附方：新一。水肿：葡萄嫩心十四个，蝼蛄七个（去头尾），同研，露七日，曝干为末。每服半钱，淡酒调下，暑月尤佳（《洁古保命集》）。

　　蘡薁（音婴郁，《纲目》）。校正：原附葡萄下，今分出。释名：燕薁（《毛诗》）……时珍曰：名义未详。集解：恭曰：蔓生。苗、叶与葡萄相似而小，亦有茎大如碗者。冬月惟叶凋而藤不死。藤汁味甘，子味甘酸，即千岁藟也。颂曰：蘡薁子生江东，实似葡萄，细而味酸，亦堪为酒。时珍曰：蘡薁野生林墅间，亦可插植。蔓、叶、花、实，与葡萄无异。其实小而圆，色不甚紫也。《诗》云六月食薁即此。其茎吹之，气出有汁，如通草也。

　　附方：新三。呕哕厥逆，蘡薁藤煎汁，呷之（《肘后方》）。目中障翳，蘡薁藤，以水浸过，吹气取汁，滴入目中，去热翳，赤、白障（《拾遗本草》）。五淋血淋：木龙汤。用木龙（即野葡萄藤也）、竹园荽、淡竹叶、麦门冬（连根苗）、红枣肉、灯心草、乌梅、当归各等分，煎汤代茶饮（《百一选方》）。

　　根，气味同藤。主治下焦热痛淋秘，消肿毒（时珍）。附方：新四。男妇热淋：野葡萄根七钱，葛根三钱，水一盏，煎七分，入童子小便三分，空心温服（《乾坤秘韫》）。女人腹痛方同上。一切肿毒：赤龙散。用野葡萄根，晒研为末，水调涂之，即消也（《儒门事亲方》）。赤游风肿：忽然肿痒，不治则杀人。用野葡萄根捣如泥，涂之即消（《通变要法》）。

霍乱吐利，生藕捣汁服（《圣惠》）。上焦痰热，藕汁、梨汁各半盏，和服（《简便》）。产后闷乱，血气上冲，口干，腹痛。梅师方：用生藕汁三升。饮之。庞安时：用藕汁、生地黄汁、童子小便等分煎服。小便热淋，生藕汁、生地黄汁、葡萄汁各等分，每服一盏，入蜜温服。坠马，血瘀积在胸腹，唾血无数者，干藕根为末，酒服方寸匕，日二次（《千金方》）。

6.《本草纲目·第四十卷·虫部二》

刘郁《西使记》云：赤木儿城，有虫如蛛，毒中人则烦渴，饮水立死，惟饮葡萄酒至醉，吐则解。此与李绛所言蜘蛛毒人，饮酒至醉则愈之意同。

六、《本草汇言》

（一）《本草汇言》简介

《本草汇言》由明代倪朱谟撰于天启四年（1624年），是明代著名的本草著作之一。作者周游各地，遍访耆宿，登堂请益，共汇集当时148位学者之药学言论，故以"汇言"名书。全书共20卷，前19卷载药608味，分草、木、服器、金、石、谷、果、菜、虫、禽、兽、鳞、介、人等部。各药内容大致分三部分：先为小字，内容类似《本草纲目》的集解，介绍药物的产地、形态、性味、阴阳、归经等；再是药论，荟萃各家用药精论，推求药物实效；末为集方，搜集与各药相关的方剂。卷首开列接受采访人士之姓名、籍贯，此举不但体现出作者取材之广泛，而且为研究明末江浙医学人物提供了珍贵史料。虽书中作者自家注说较少，然颇有见解，如谓丹砂非良善之物，又斥以红铅（童女初行月经）治病之愚，诸如此类。卷前集中附图530幅，其中药材图180余幅，果木则截取枝条绘图。书中所见明末诸家药论与方剂，尤以药学理论及临床用药内容居多，资料丰富，乃该著作点睛之笔，在中医典籍中实为罕见。因此，倪元璐赞此书可与李时珍《本草纲目》、陈嘉谟《本草蒙筌》、缪希雍《神农本草经疏》角立并峙，启迪来者，厥功懋焉。倪氏编著此书时，多取材于《神农本草经》《名医别录》《唐本草》《开宝本草》《本草纲目》等40余种历代主要的本草类典籍，兼容并蓄，更加甄罗补订，删繁去冗。

据考，该书原版刻于清顺治二年（1645年）至康熙初年，初印之后又有增补。

（一）《本草汇言》所见葡萄记载

1.《本草汇言·卷十四·谷部·酿造类》

酒：味苦、甘、辛，气大热，有毒。通人周身脏腑经络诸处。

《说文》云：酒，就也，所以就人之善恶也。《战国策》云：帝女仪狄造酒，进之于禹。《说文》又云：少康造酒。然《素问》亦有酒浆，则酒自黄帝始，非仪狄矣。古方造酒，品类极多，醇醨不一，惟糯米造者，入药乃良……《本草》云：葡萄、瓜、椹、杞、菊、荠、芑、林檎、橘、柚、李、梅、桃、杏、葱、豉、姜、椒、羊羔、鹿胎、虎胫、熊掌，凡生物果、谷、草、木之易酿者，皆可造酒，入药惟秫酒之清者，称为上品。

2.《本草汇言·卷十五·果部·水果类》

山果类有李子、梅子、桃子、栗子、棠梨、木桃、柰子、林檎、石榴子、橘子、柑子、橙子、柚子、香橼、金橘、枇杷、杨梅、樱桃、榛子。夷果类有荔枝、榧子、海松子。瓜果类有甜瓜、葡萄、甘蔗、菱实、乌芋、慈菇，不入药用。详载《食物本草》。

3.《本草汇言·卷十七·虫部·卵生类》

白僵蚕：味甘、咸、辛，气平，无毒。气味俱薄，浮而升，阳也。入足厥阴、手太阴、少阳经。

集方：《方脉正宗》：治天行痘疮，起发不透。用白僵蚕、蝉蜕、琐琐葡萄各二钱，红花八分，水煎服。

4.《本草汇言·卷二十·脏腑虚实寒热主治之药》

脾：藏智，属土，为万物之母。主营卫，主味，主肌肉，主四肢。本病：诸湿肿胀，痞满噫气，大小便闭，黄疸，痰饮，吐泻霍乱，心腹痛，饮食不化。标病：身体胕肿，重困嗜卧，四肢不举，舌本强痛，足大趾不用，九窍不通，诸痉项强。土实泻之……豆豉、栀子、常山、瓜蒂、郁金、韭汁、藜芦、苦参、盐汤、苦茶、葡萄子、赤小豆，以涌吐也。

七、《本草蒙筌》

（一）《本草蒙筌》简介

《本草蒙筌》由明人陈嘉谟编著。本书是明代早期很有特色的中药学入门书，李时珍在《本草纲目》第一卷的开头，专门列出了自己曾经参考过的历代诸家本草。其中，《本草蒙筌》赫然在目。

（二）《本草蒙筌》所见葡萄记载

《本草蒙筌·卷之七·果部》

葡萄：味甘、酸，气平。属土，有木与水火。无毒。张骞因使西域，得种始到中华。由是州郡，尽各栽养。叶似蘡薁而大，苗成藤蔓极长。实结类马乳且圆，秋熟色紫黑或白。取汁酿酒，留久愈香。逐水气，利小便不来者殊功。治时气，发疮疹不出者立效。倍力强志，肥体耐饥。多食卒烦闷眼昏，因性专下走渗道。

根煮浓汁，细细饮之。除妊娠子上冲心，止霍乱热甚作呕。藤茎中空相贯，俗每呼为木通。

凡暮溉其根，至晨则水浸于中矣。故通便甚验，与通草无殊。蘡薁即山葡萄，酿酒尤极香美。饮之久久，亦能益人。

八、《本草易读》

(一)《本草易读》简介

《本草易读》由清代汪昂编著。该书综合历代医药典籍,删繁就简,是一部通俗易懂的中医药典籍。《本草易读·序》云:"《本草》一经,撰自炎农。其种三百六十五,以象周天之数。汉末张仲景悉以《本经》撰方,治疗疾苦,其效如响。此《伤寒》《金匮》所由称方药之祖也。自唐以降,药品日增,而性味多未研究,率皆师心自用。沿及宋、元,药益称倍,仍相谬误。即以《本经》制方,其精无如耳目所及无多,古今名实互异,地土殊产,气味异质,一时难以推测。故特即诸家增补,择其稍精详者,附诸《本经》,合为一体,兼为稍敛句法,以便诵读。其土产形状,真赝谬误,悉折衷于李氏《纲目》,如是而已。盖本草之撰,代有其作,试举其目,兼约其略。陶氏参《别录》而名医仍旧(萧梁陶弘景增补《名医别录》),徐氏增《药对》而雷公悉遵(北齐徐之才补《雷公药对》)。唐之英公,后增修乎通明,而详定又赖苏恭(唐李撰《英公本草》,长史苏恭重订)。蜀之韩升,重校证夫新唐,而图说颇详陶、苏(唐伪翰林韩保升撰《蜀本草》)。黑白异迹,《开宝》取唐蜀而更订(宋开宝间,刘翰撰《开宝本草》)。继踵者,嘉祐之《补注》(宋嘉祐间,命郎中林亿、禹锡撰《嘉祐补注》)。图说相谬,《图经》继《补注》而再刊(宋仁宗命博士苏洵撰《图经本草》)。参效者,寇氏之《衍义》。"

(二)《本草易读》所见葡萄记载

《本草易读·卷六·葡萄二百六十五》

葡萄,甘、酸、涩,平,无毒。逐水利尿,益气治淋。除筋骨湿痹,起痘疮陷没。

根及藤叶,止呕哕而除恶心,利小便而消肿满。洗腰腿之疼痛,安胎孕之逆冲。

胎气冲心，葡萄煎服。藤根亦可。验方第一。

除烦止渴，葡萄取汁熬稠，入蜜少许点服。

九、《本草乘雅半偈》

（一）《本草乘雅半偈》简介

《本草乘雅半偈》由卢之颐撰，成书于清顺治四年（1647年）。卢之颐，字子繇，号晋公，钱塘（今浙江杭州）人。

该书选《神农本草经》药物222种，后世收载药物143种，合为365种，每药考证药性，记录形态，参以诊治之法。

其体例为各药之前，注出《神农本草经》某品，次行列药、气味、良毒、功效、主治。注文低一格首列"核曰"，下述别名、释名、产地、形态、采收、贮存、炮炙、畏恶等内容。次列"参曰"一项为作者对该药功效、形态等有关内容的发挥。

（二）《本草乘雅半偈》所见葡萄记载

1.《本草乘雅半偈·第十一帙·酒》

酒，气味苦、甘、辛，温，有毒。主行药势，杀百邪、恶鬼、毒气。藏器云：通血脉，浓肠胃，润皮肤，散湿气，消忧发怒，宣言畅意。

核曰：《世本》云，帝女仪狄始作酒醪，变五味，少康作秫酒。《素问·上古天真论》：以酒为浆。《汤液醪醴论》黄帝问曰：为五谷汤液及醪醴奈何？岐伯对曰：必以稻米，炊之稻薪，稻米者完，稻薪者坚。帝曰：何以然？岐伯曰：此得天地之和，高下之宜，故能至完，伐取得时，故能至坚也。帝曰：上古圣人之汤液醪醴，为而不用，何也？岐伯曰：自古圣人之作汤液醪醴者，以为备耳，为而弗服也。中古之世，道德将衰，邪气时至，服之万全。则酒自黄帝，业称上古作始，非独帝女仪狄造矣。《酒经》云：空桑秽饮，酝以稷黎，以成醇醪。此酒之始。乌梅女琬，甜醹九投，澄酒百种，此酒之终。《食货志》云：酒者，天之美禄，颐养天下，享祀祈福，扶衰疗疾，非酒不行，故《月令》仲冬命大酋，秫稻必齐，曲蘖必时，湛饎必洁，水泉必香，陶器必良，火齐必得，兼用六物，大酋监之，无有差忒。《白孔六帖》云：秫米一斗，得酒一斗，为上樽；稷米一斗，得酒一斗，为中樽；粟米一斗，得酒一斗，为下樽。《本草》云：葡萄瓜椹，杞菊苇芑，林檎橘柿，李桃杏梅，葱豉姜椒，羊羔鹿胎，虎胫熊掌，凡生物、果谷、草木之易酿者，皆可造酒。入药唯秫酒之清者，称无上乘。

2.《本草乘雅半偈·第十一帙·蜘蛛》

刘郁《西使记》云：赤木儿城，有虫如蜘蛛，毒中人则烦渴，饮水立死，饮葡萄酒至醉，吐则解。元稹《长庆集》云：巴中蜘蛛大而毒，甚者身运数寸，跻长数倍，竹木被网皆死。中人疮痏痛痒倍尝，惟以苦酒调雄黄涂之，仍用鼠负虫食其丝则愈。修治，火熬焦者良。

十、《本草详节》

（一）《本草详节》简介

《本草详节》，清代闵钺撰。全书共12卷，分草、木、谷、菜、果、金、石、水、火、土、兽、禽、鳞、介、虫、人、服用17部，载药896种，其中正名697种，附药199种。每药首录性味阴阳、有毒无毒、产地、生药形态、归经、相使、相恶、禁忌、炮制等内容，次述功效、主治，末为按语，阐述治病机理、配伍应用及用药宜忌等。本次整理以清康熙二十年（1681年）默堂主人刻本为底本。

（二）《本草详节》所见葡萄记载

《本草详节·卷八·果部》

葡萄，味甘、涩，气温。有紫、白、绿三种，西边有琐琐葡萄。大如五味子而无核，可以酿酒，十数年不败。江东一种，细而酸，名蘡薁子。

主：利小便，治淋涩，逐肠间水，筋骨间湿痹，痘疮不出，研酒饮之。

附：根及藤叶，气味同实。主呕哕、霍乱，及胎气上冲心，煮浓汁饮之。

十一、《神农本草经百种录》

（一）《神农本草经百种录》简介

《神农本草经百种录》，药学著作，1卷，清代徐大椿撰，刊于1736年。本书选辑《神农本草经》中主要药物100种，结合临床加以简要的注释。现有《徐灵胎医学全书》等刊本。

徐大椿（1693—1771），又名大业，字灵胎，晚号洄溪老人，吴江（今江苏苏州）人。祖父徐钅九，为翰林院检讨，曾纂修《明史》。

（二）《神农本草经百种录》所见葡萄记载

《神农本草经百种录·上品·葡萄》

葡萄：味甘，平。主筋骨湿痹，益气，倍力，强筋燥湿。强志，肝藏魂。令人肥健耐饥，忍风寒。久服轻身不老，延年。皆培补肝脾之效。可作酒。

此以形为治，葡萄屈曲蔓延，冬卷春舒，与筋相似，故能补益筋骨。其实甘美，得土之正味，故又能滋养肌肉。肝主筋，脾主肉，乃肝脾交补之药也。

十二、《得配本草》

（一）《得配本草》简介

《得配本草》由清人严洁、施雯、洪炜全撰，共10卷。本书选用《本草纲目》中的药物647种加以论述。除记述各药性味、归经、功用和主治外，还详述各种不同药物之间的相互配合应用。此为本书的一大特色。作者订出了药物的得、配、佐、和，并取前二字作为书名。现有清刻本，1949年后有排印本。

本书由清代三位具有丰富临床经验的医家——严洁、施雯、洪炜相互切磋，共同撰成于清乾隆二十六年（1761年），迟至清嘉庆九年（1804年）才由作者的后人刊刻于世。作者仿《本草纲目》分类法，分25部，载药655味。每一味药的内容都涵盖了药物的畏恶反使、主治功能、配伍运用、辨药优劣、炮制、禁忌、怪症专治与临床用药等紧要内容。该书将药物炮制和作用的关系紧密结合，深受医家欢迎，突出了本书的临床使用价值。如生地黄，鲜用则寒，干用则凉；上升，酒炒；痰膈，姜汁炒；入肾，青盐水炒；阴火咳嗽，童便拌炒。又如怀牛膝，得杜仲，补肝；得肉苁蓉，益肾；配川续断肉，强腰膝；配车前子，理阳气。这种药物的简单、适宜配伍，正是本书命名"得配"的原因所在。

本书内容简明实用，用药经验丰富，尤其是其中的药物配伍和药物作用比较，对临床灵活运用中药有较大的参考价值，是一部切合临床用药实际的药书，是当今临床各科医师的重要参考书。本书整理以清乾隆二十六年（1761年）小眉山馆刻本《盘珠集·得配本草》为底本，参照其他刻本重新整理，书前撰有导读，书末附有药名索引，便于读者学习和查阅。

（二）《得配本草》所见葡萄记载

《得配本草·卷六·果部（瓜果类七种）》

葡萄，一名蒲桃。甘、平、酸、涩，入手太阳经。治胎上冲心，疗筋骨湿痹，除肠水，发痘疮。配生藕、生地捣汁，和白蜜，治热淋涩痛。多服令人烦闷目暗。

根、藤、叶，甘、平、涩。治呕哕，利小肠，消肿满及霍乱后恶心。

十三、《本草求真》

（一）《本草求真》简介

《本草求真》成书于清乾隆三十四年（1769年），由黄宫绣编著。黄氏认为，诸家本草虽然对药物的形质气味、证治功能备载，但还存在着理道不明，意义不疏，补不实指，泻不直说，或以隔一隔二以为附会，反借巧说以为虚喝，义虽可通，意难即悟等问题。因此，他将往昔诸书，细加考订，阐明意义，删除牵强附会之说，而成此书。

本书分上、下两编，上编7卷，载药520种，按品性分为补、涩、散、泻、血、杂、食物7类，每类又分若干子目。对每种药物，该书分述其气味、功能、禁忌、配伍和制法等。下编3卷，对药物与脏腑病症之关系、六淫偏胜之所宜，做了扼要的介绍。

（二）《本草求真》所见葡萄记载

《本草求真·上编·卷二》

葡萄（专入肾）。种类不一。此以赑赑名者，因其形似葡萄，琐细不大，故以赑赑名也。张璐论之甚详，言此生于漠北，南方亦间有之。其干类木，而系藤木。其子生青熟赤，干则紫黑，气味甘咸而温，能摄精气，归宿肾脏，与五味子功用不甚相远。凡藤蔓之类，皆属于筋。形类相似，有感而通。草木之实，皆达于脏。实则重着下行，实则气重内入，故多入脏。不独此味为然。此物向供食品，不入汤药，故本草不载。近时北人以之强肾，南人以之稀痘，各有攸宜。强肾方用赑赑葡萄、人参各一钱，火酒浸一宿，清晨涂手心，摩擦腰脊，能助筋力强壮。若卧时摩擦腰脊，力助阳事坚强，服之尤为得力。稀痘方用赑赑葡萄一岁一钱，神黄豆一岁一粒，杵为细末，一昼夜蜜水调服，并擦心窝腰眼，能助肾祛邪。以北地方物，专助东南生气之不足也。然秉质素弱宜服，反是则不免有助火之害矣！

十四、《本草纲目拾遗》

（一）《本草纲目拾遗》简介

《本草纲目拾遗》为本草类著作，共 10 卷，清代赵学敏（约 1719—1805）撰。赵学敏，字恕轩，号依吉，钱塘（今浙江杭州）人，清代著名医药学家。赵学敏早年习儒，喜读医书，对本草学研究尤深，家有养素园，供实验种药，以察药物的形性。他著有《利济十二种》，收有医方著作《医林集腋》《养素园传信方》、禁咒书《祝由录验》、眼科书《囊露集》、民间医方《串雅》、养生类《摄生闲览》《药性元解》《升降秘要》《本草话》《花名小录》《本草纲目拾遗》《奇药备考》12 种。

《本草纲目拾遗》经作者 30 多年的努力，于 1765 年成书，载药 921种，其中有《本草纲目》未收载的药物 716 种，多为具有实用价值的民间药与外来药。此书不仅拾《本草纲目》之遗，还对《本草纲目》已载药物的不完备、不详尽之处，做了补缺工作，并对《本草纲目》中的一些错误做了订正。全书体例与《本草纲目》相同，将药物分为 18 类：水、火、土、金、石、草、木、藤、花、果、谷、蔬、器用、禽、兽、鳞、介、虫。该书是继《本草纲目》后对中药学的又一次总结，是一部具有重要价值的药物学专著。此书除单行刊本外，还有附刊于《本草纲目》之后的版本，如同治三年（1864 年）刻本、光绪十一年（1885 年）年合肥张绍棠味古斋本。

（二）《本草纲目拾遗》所见葡萄记载

1.《本草纲目拾遗·卷二》

宓元良云：藏香有紫、黄二色，紫者内有琐琐葡萄汁合成，故色紫。

2.《本草纲目拾遗·卷四》

腿疼难忍，《医学指南》：核桃肉四个，酸葡萄七个，斑蝥一个，铁线透骨草三钱。水煎热服，出汗愈，不问风湿皆效。

3.《本草纲目拾遗·卷七》

琐琐葡萄，出土鲁番，北京货之，形如胡椒，系葡萄之别种也。《回疆志》：葡萄一根数本，藤蔓牵长，花极细而黄白色，其实有紫、白、青、黑数种，形有圆长大小，味有酸甜不同，一种色绿而无核，较黄豆微大，味甘美；一种色紫而小如胡椒，即琐琐葡萄；一种色黑，形长寸许；一种色白而大，皆七八月熟，晾干可致远。《本经逢原》云：琐琐葡萄似葡萄而琐细，故名。生于漠北，南方间亦有之，其干类木，而系藤本，其子生青熟赤，干则紫黑，能摄精气，归宿肾脏，与五味子功用不甚相远。凡藤蔓之类，皆属于筋；草木之实，皆达于藏，不独此味为然。此物向供食品，不入汤药，故《本草》不载。近时北人以此强肾，南人以之稀痘，各有攸宜。《五杂俎》：西域白葡萄，生者不可见，其干者味殊奇甘，有兔眼葡萄，无核；又有琐琐葡萄，形如茱萸。小儿食之，能解痘毒。于文定《笔尘》云：琐琐即驳婆之讹。黎媿曾仁《恕堂笔记》：琐琐葡萄，于文定引西京羽猎赋，谓琐琐当为驳婆，固属附会，而以为别有一种，亦非河西葡萄，虽引根牵蔓不异中土，而结实大长如马乳，色深紫，味亦殊甘，一枝千百颗，大者在上，细在下，垂取而干之，大者为白葡萄，细者名琐琐，非两种也，故俗呼为公领孙。惟绿葡萄则来自西域，非中土所有。

味甘，核细微咸。《痘学真传》云：味甘、酸，性平、温。《百草镜》云：性热，入脾、肾二经，作酒弥佳。治筋骨湿痛，利水甚捷，除遍身浮肿、痘疮不出，酒研和饮，神效。

强肾，琐琐葡萄、人参各一钱，火酒浸一宿，侵晨涂手心，摩擦腰脊，能助膂力强壮；若卧时摩擦腰脊，力助阳事坚强，尤为得力。

稀痘，琐琐葡萄一岁一钱，神黄豆一岁一粒，杵为细末，一阳夜蜜水调服，并擦心窝腰眼，能助肾祛邪，以北地方物专助东南生气之不足也。然惟禀质素弱者用之有益，若气壮偏阳者勿服，恐其助长淫火之毒也。

按：《紫桃轩杂缀》：琐琐葡萄，神农九草之一，中土久有，不俟博望从西域带来也。吾里东塔朱买臣墓有之。戊子，余曾历平湖幕署，有一枝蔓延满架，夏开琐碎花，结实如绿豆，望不可见。吾杭螺蛳山汪姓家亦有此，然食之味薄，不若甘肃者味厚也，入药自宜以西北者为优。

4.《本草纲目拾遗·卷八》

蒲桃树，《罗浮志》：蒲桃树高二三丈，其叶如桂，四时有花，丛须无瓣，如剪出丝球，长寸许，色兼黄绿；结实如苹果，壳厚半指，绝香甜；核与壳不相连属，摇之作响。罗浮涧中多有之，猿鸟合啄之，余随流而出，山人阻水取之，动盈数斛。以之酿酒曰蒲桃春，经岁香不减，作膏尤美。

蒲桃壳，止呃忒如神。

十五、《神农本草经赞》

（一）《神农本草经赞》简介

《神农本草经赞》，药学著作，3卷，清代叶志诜撰，刊于1850年。

本书以孙星衍所辑《神农本草经》为依据，将每种药物编成四言赞语，并加以简要的注释。现有《珍本医书集成》本。

（二）《神农本草经赞》所见葡萄记载

《神农本草经赞·卷一》

蒲萄，味甘，平。主筋骨湿痹，益气，倍力，强志，令人肥健，耐饥，忍风寒。久食轻身不老，延年。可作酒。生山谷。

托根福地，引竹交穿。青纷绶结，紫莹珠悬。云浆清滑，玉盏凉鲜。荔枝同嚼，风月无边。

宋祁赋：托崤函之福地。韩愈诗：莫辞添竹引龙须。刘禹锡歌：繁葩组绶结。唐彦谦诗：珠帐高悬夜不收。刘禹锡诗：味敌五云浆。洪希文诗：醍醐纵美输清滑。顾阿瑛诗：葡萄玉盏酌西凉。李梦阳诗：酒酣试取冰丸嚼，不说天南有荔枝。张镃词：风月无边是醉乡。

十六、《本经逢原》

（一）《本经逢原》简介

《本经逢原》由清代著名医家张璐著。张璐，字路玉，号石顽，生于1617年，大约卒于1700年，长州（今江苏苏州）人。张氏鉴于《神农本草经》中载药不多，而且有些药物已很少使用，或已失传，故对《神农本草经》做了适当的删节与补充，并据经义加以引申发明。凡性味、效用、诸家治法及药物真伪优劣的鉴别，该书都扼要地做了叙述，其目的是使学者易于领会《神农本草经》的要点。全书共4卷，载药700余味。本书在当时来说，不仅是阐发《神农本草经》，还是指导初学者临床用药的一部药物学著作。

《本经逢原》成书于清康熙三十四年（1695年），是张璐众多著作中唯一的一部药物学著作。鉴于《神农本草经》（以下简称《本经》）的药物数量较少，有些尚且失传，或临床实用性不大，而对于常用药物却没能详细记载，他遂以《本经》为基础，参考《本草纲目》的分类方法，将常用的700余种药物列为水、火、土、金、石、卤石、山草、芳草、隰草、毒草、蔓草、水草、石草、苔草、谷、菜、果、水果、味、香木、乔木、灌木、寓木、苞木、藏器、虫、龙蛇、鱼、介、禽、兽、人32部，分成4卷，付梓出版。每种先记其性味、产地、炮制，然后记述《本经》原文，非《本经》药物则直接阐述其功治，即所谓发明。本书杂引各家之说及附方，论述中有颇多见解与经验心得。本书虽命名为"本经"，但不以考订为重，亦不是照《本经》而宣科，事实上并未全录《本经》之药，而是以临床实用为主，经过反复斟酌，更多择取了与临床密切相关的切于实用的药物。本书成书时，张璐已78岁高龄，可以说是他60余年行医的经验之谈。这里面既蕴含了他一生药物研究的心血，也记载了他的许多独到见解。此书后来与清代著名医家陈修园的《伤寒论浅注方论合编》《金匮要略浅注方论合编》、吴鞠通的《温病条辨》，被严式海于光绪三十四年（1908年）收录于丛书《医学初阶》之中，足见《本经逢原》在当时的影响之大。

（二）《本经逢原》所见葡萄记载

1.《本经逢原·果部》

琐琐葡萄，甘、微咸，温，无毒。

发明：琐琐葡萄似葡萄而琐细，故有琐琐之名。生于漠北，南方间亦有之。其干类木，而系藤本。其子生青熟赤，干则紫黑。能摄精气归宿肾脏，与五味子功用不甚相远。凡藤蔓之类，皆属于筋；草木之实，皆达于脏，不独此味为然。此物向供食品，不入汤药，故《本草》不载。近时北人以之强肾，南人以之稀痘，各有攸宜。强肾方用琐琐葡萄、人参各一钱，火酒浸一宿，侵晨涂手心，摩擦腰脊，能助膂力强壮。若卧时摩擦腰脊，力助阳事坚强，服之尤为得力。稀痘方用琐琐葡萄一岁一钱，神黄豆一岁一粒，杵为细末，一阳夜蜜水调服，并擦心窝腰眼，能助肾祛邪，以北地方物专助东南生气之不足也。然惟禀质素弱者用之有益，若气壮偏阳者勿用，恐其助长淫火之毒也。

2.《本经逢原·水果部》

蒲桃，俗名葡萄，甘寒，无毒。

《本经》治筋骨湿痹，益气力，强志，令人肥健，耐饥，忍风寒。可作酒。

发明：葡萄之性寒滑，食多令人泄泻。丹溪言：东南人食之多病热，西北人食之无恙，盖能下走渗道，西北人禀气厚，故有《本经》所主之功，无足异也。

第二章　方书典籍里的葡萄

第一节

宋代

一、《太平圣惠方》

（一）《太平圣惠方》简介

《太平圣惠方》简称《圣惠方》，宋代王怀隐、陈昭遇撰，共100卷。王怀隐，初为道士，精医药，住京城建隆观。太宗即位前，怀隐以汤剂治疗之。太平兴国元年（976年），王怀隐奉宋太宗诏还俗，充任尚药奉御，后晋升为翰林医官使。陈昭遇，字归明，出身于医学世家，精通医学，医术尤精验。他潜心研究医术，重视临床实践，医术造诣很高。他治病多奇验，长期受到朝廷的眷宠和百姓的信赖，誉满京城。

太平兴国三年（978年），尚药奉御王怀隐与副使王佑、陈昭遇、郑奇等奉宋太宗赵光义之命编修医药方书，淳化三年（992年）2月成书。宋太宗亲自写序，题名为《太平圣惠方》。是年5月，朝廷将该书刻印出版，颁发全国，下诏各州设医博士掌管。

《太平圣惠方》全书共100卷，分1670门（类），每门之前都冠以巢元方《诸病源候论》有关理论，次列方药，以证统方，以论系证。全书之首还详述诊脉及辨阴阳虚实诸法，次列处方、用药基本法则，理、法、方、药俱全，全面系统地反映了北宋初期以前的医学发展水平。由于该书各门按类分叙各科病证的病因、病理、证候，以及方剂的宜忌、药物的用量，方随证设，药随方施，临床应用颇为便利实用。全书收方16834首，内容涉及五脏病证、内、外、骨伤、金创、胎产、妇、儿、丹药、食治、补益、针灸等。《太平圣惠方》不但对中国医药的发展有深远的影响，而且传至国

典籍里的本草——葡萄

外。在大中祥符九年（1016年）与天禧五年（1021年），宋真宗赵恒两次将《太平圣惠方》赠给高丽，促进朝鲜医药的发展。《太平圣惠方》后来传至日本，对日本医药的发展有深远影响。日本学者在十四世纪所编的医学名著《顿医抄》50卷就是以《太平圣惠方》等中国医书为宗编撰的。

本书最早刊本为淳华三年五月刊本，久已失传，1959年人民卫生出版社出版的排印本系根据四种抄本校勘而成。因本书卷帙过大，不易流传，北宋中期福建何希彭曾节选本书内容编成《圣惠选方》60卷，载方6096首，今已失传。

（二）《太平圣惠方》所见葡萄记载

1.《太平圣惠方·卷第十四·治伤寒后脚气诸方》

治伤寒后脚气，肿满不消，宜用淋蘸方。蓖麻叶（一两）、枸杞根（一两）、葡萄蔓（一两）、荫蓏（七两，锉）、羌活（一两）、藁本（一两）、吴茱萸（半两）、杏仁（半两）、椒（一合）、青盐（一两）。上件药，捣细锉，分为二剂，每剂用水二斗，入葱白连须三茎，生姜一两拍碎，煎至一斗二升，去滓，入盐半匙。避风处，看冷热淋蘸。

2.《太平圣惠方·卷第四十五·治脚气浸酒诸方》

治脚气疼痛，及光泽肌肤，润养脏腑，酸枣仁酒方。酸枣仁（三两）、干葡萄（五两）、黄芪（三两）、天门冬（二两去心）、赤茯苓（三两）、防风（二两去芦头）、独活（二两）、大麻仁（半斤）、桂心（二两）、羚羊角屑（三两）、五加皮（三两）、牛膝（五两去苗）。上件药，锉，用生绢袋盛，以酒三斗，浸六七日后。每于食前，随性暖服之。

3.《太平圣惠方·卷第八十一·治产后乳无汁下乳汁诸方》

又方，葡萄根末（一分）、莴苣子末（一分）。上件药，以水一大盏，煎至七分，去滓，分二服。冬用根，秋夏用心叶。

4.《太平圣惠方·卷第九十五·枸杞酒方·葡萄酒方》

葡萄酒，驻颜，暖腰肾方。干葡萄末（一斤）、细曲末（五斤）、糯米

（五斗）。上炊糯米令熟，候稍冷，入曲并葡萄末，搅令匀，入瓮盖覆，候熟。即时饮一盏。

5.《太平圣惠方·卷第九十六·食治五淋诸方》

治热淋，小便涩少，磋痛沥血，宜服葡萄煎方。葡萄（绞取汁五合）、藕汁（五合）、生地黄汁（五合）、蜜（五两）。上相和，煎如稀饧。每于食前服二合。

二、《圣济总录》

（一）《圣济总录》简介

《圣济总录》又名《政和圣济总录》，北宋末年由政府组织医家编纂，以宋徽宗名义颁行。本书是在政和年间，徽宗赵佶诏令征集当时民间及医家贡献大量医方，又将其与内府所藏的秘方合在一起，由圣济殿御医进行整理汇编而成，共200卷。后经金大定年间、元大德年间（名为《大德重校圣济总录》）两次重刊。

《圣济总录》按病证分为66门，每门之下再分若干病证，较《太平圣惠方》分1000余门清晰明了，许多疾病的归类也比较合理。其所录方剂中，丸、散、膏、丹、酒剂等明显增加，充分反映了宋代重视成药的特点。全书包括内、外、妇、儿、五官、针灸、养生、杂治等，共66门，而把运气内容列于全书之首。这与宋徽宗崇信五运六气学说有关。运气之下还有叙例、治法等篇，相当于全书的总论部分，自诸风起至神仙服饵各门，相当于全书的各论部分。每门之中都有论说，词简义赅，总括本门，其下又分若干病证，凡病因病机、方药、炮制、服法、禁忌等均有说明。全书共收载药方约2万首，既有理论，又有经验，内容极为丰富。在理论方面，除引据《内经》《伤寒论》等经典医籍外，该书亦注意结合当时的各家论说，并加以进一步阐述。在方药方面，该书以民间经验良方及医家秘方为主，疗效比较可靠。本书较全面地反映了北宋时期医学发展的水平、学术思想倾向和成就。

现存元、明、清多种刻本，日刻本和石印本。1949年后出版的排印本，对其中的明显错误进行删节。宋版《政和圣济总录》早已无存。大德重校本为存世最早版本，惜现存各本皆残。日本文化十三年（1814年）东都医学活字印本即依此本排印。

（二）《圣济总录》所见葡萄记载

1.《圣济总录·卷第一百三十二·痈肿门·诸痈》

治吹乳，葡萄酒方。葡萄（一枚）。上一味，于灯焰上燎过，研细，热酒调服。

2.《圣济总录·卷第一百六十九·小儿门·小儿疮疹》

治小儿疮痘将出，人参汤方。人参（一钱）、葡萄苗（一分）、林檎（一枚）、木猴梨（七枚）。上四味，各锉碎，以水两盏，煎至一盏，去滓放冷，时时令吃。

三、《杨氏家藏方》

（一）《杨氏家藏方》简介

《杨氏家藏方》，医方著作，宋代杨倓撰，20卷，刊于淳熙五年（1178年）。全书载诸风、伤寒、中暑、风湿、脚气等49类，收方千余首，包括内、外、妇、儿、五官各科病证的治疗。每方下详列主治、药物组成与用法。书中所载方多为宋代医家常用的一些成药处方，对研究宋代医方发展有参考价值。现存日刻本、日抄本。

（二）《杨氏家藏方》所见葡萄记载

1.《杨氏家藏方·卷第四·脚气方三十六道》

生犀葡萄酒，治脚气疼痛，小便不利。常服光泽颜色，滋润肠胃。

好葡萄（一两），酸枣仁、黄芪（去芦头）、天门冬（去心）、赤茯苓

（去皮）（四味各六钱），生犀角（半两，镑），独活（去芦头，四钱），大麻仁（一两半，研），五加皮（六钱），防风（去芦头，四钱），牛膝（一两，酒浸一宿）。上件㕮咀，用生绢袋子贮，以无灰好酒八升同浸，密封，经七日取出，每食前暖服一二盏。

2.《杨氏家藏方·卷第十九·小儿下·斑疹方一十三道》

治疮疹已出不快。赤芍药（不以多少）。上件为细末。每服一钱，煎葡萄酒调下，不拘时候。

四、《仁斋直指方论》

（一）《仁斋直指方论》简介

《仁斋直指方论》又名《仁斋直指》《仁斋直指方》，宋代杨士瀛于景定五年（1264年）编撰而成，共26卷。杨士瀛，字登父，号仁斋，南宋时三山郡（今福建福州）人。杨士瀛为民间医学家，他的著作将《内经》《难经》《伤寒论》与隋唐时期以前名医学说汇于一炉而融会贯通，独树一帜，金、元、明、清历代学者多宗其说。

《仁斋直指方论》共26卷，第1卷为总论，论述阴阳五行、荣卫气血等基础理论；第2卷为证治提纲，论述病因、治则及多种病证的诊断治疗，多属杂论之类；第3～19卷论内科病证治；第20～21卷论五官病证治；第22～24卷论外科病证治；第25卷论诸虫所伤；第26卷论妇人伤寒等。该书将诸科病证分为72门，每门之下，均先列方论，述生理病理、证候表现及治疗概要；次列证治，条陈效方，各明其主治、药物组成及修制服用方法，条理清晰。

原刊本久佚，现存主要版本有明嘉靖二十九年（1550年）朱崇正刊本、明刻本、两种日本抄本、《四库全书》本、1989年福建科学技术出版社校注本。

（二）《仁斋直指方论》所见葡萄记载

《仁斋直指方·卷之四·风缓（附痿证）·历节风》

秘传煮酒应效方，治诸风气、历节、插腿风。年高者亦可服，神效。当归、人参、茯苓、乌药、砂仁、杏仁、川乌、草乌、何首乌、五加皮、枸杞子、川椒（以上各二钱半），木香、牛膝、枳壳、干姜、虎骨、香附子、白芷、厚朴、麦门冬（去心）、陈皮（去白）、白术、川芎、麻黄、独活、羌活、半夏、肉桂、白芍药、生地黄、熟地黄、防风、天门冬、五味子、小茴香、细辛（以上各一钱半），苍术、破故纸、甘草（各五钱），核桃肉、红豆、酥油（各五钱五分），蜜（八两），沉香（一钱五分），葡萄（二钱），荆芥、地骨皮、山茱萸、巴戟、知母（各一钱五分）。

上为细末，分作二袋，用罐盛酒，袋悬于罐内，封罐口，安锅内煮熟，过五七日方用。每服。

明代

一、《卫生易简方》

（一）《卫生易简方》简介

《卫生易简方》，明代胡濙撰，共12卷（一作4卷），约刊于永乐八年（1410年）。胡濙任礼部侍郎时出使四方，留心医学20余年中，广泛收集各地民间单方、验方编成此书。书中分为诸风、诸寒、诸暑、诸湿等145类病证，共396方，主张方宜简易，多数方剂中药仅一二味且多为易得之品。本书还附有服药忌例22条及兽医单方47首。现存多种明、清刊本。

（二）《卫生易简方》所见葡萄记载

1.《卫生易简方·卷之八·痈疽》

治一切肿毒，用野葡萄根红者，去粗皮，为末。新水调涂肿上，频扫新水，肿自消散。

2.《卫生易简方·卷之十二（小儿）·感冒嗽喘》

治时气或疮疹发不出，用葡萄子生为末。每服一二钱，温酒或米饮调下大效。

二、《普济方》

（一）《普济方》简介

《普济方》是中医方书名著，又名《周定王普济方》，原为168卷，后人改编为426卷，明代朱橚（?—1425）等撰。朱橚为明太祖第五子，洪熙元年（1425年）卒，谥为定，因此称为周定王。《普济方》为朱氏亲自主持，命教授滕硕、长史刘醇等论述考证，取古今方剂，辑编而成，是我国现存的最大一部医方专书。

《普济方》约成书于明永乐四年（1406年），明初有刊本，后原刻本散佚，仅存少数残本，唯《四库全书》收全，并改为426卷。《普济方》搜集明代以前医籍中的方剂，并兼收传记杂说及道、佛书中的记载。书前有总论、方脉、药性、运气、脏腑、身形等编，继列方药，共分1960论、2175类、778法，载方61739则，附插图239幅，约905万言。全书大致可分为7大部分。第1部分总论，有方脉（卷一至卷五）、运气（卷六至卷十二）、脏腑（卷十三至卷四十三）。第2部分身形（卷四十四至卷八十六），内分头、面、耳、鼻、口、舌、咽喉、牙齿、眼目9门。第3部分诸疾（卷八十七至卷二百七十一），内分诸风、伤寒、时气、热病及杂治等39门。第4部分诸疮肿（卷二百七十二至卷三百一十五），内分疮肿、痈疽、瘰疬、瘿瘤、痔漏、折伤、膏药等门。第5部分妇人（卷三百一十六至卷三百五十七），内分妇人诸疾、妊娠诸疾、产后诸疾、产难4门。第6部分婴孩（卷三百五十八至卷四百零八），首载儿科诊断法，此列新生儿护理法及新生儿常见疾病，后列各种儿科病候。第7部分针灸（卷四百零九至卷四百二十四），分总论、经络腧穴、各种疾病针灸疗法。书最后附有本草药性畏恶和异名2卷（卷四百二十五至卷四百二十六）。

因其所引前朝医学典籍，之后大多亡佚，故《普济方》不仅在中医方剂发展史上有着重大影响，还在保存古代医学文献上有重大贡献。明代李时珍《本草纲目》所附之方，采自此书者甚多。《明史·艺文志》中有著录。

现存主要版本有明永乐年间（1403—1424 年）刻本（为 168 卷，残本）、清《四库全书》本、人民卫生出版社排印版本。

（二）《普济方》所见葡萄记载

1.《普济方·卷一百四十六·伤寒门》

治伤寒后脚气肿满不消。蓖麻叶、枸杞根、葡萄蔓（各一两），葫荽枝（七两锉），羌活（一两），藁本（一两），吴茱萸（半两），杏仁（半两），椒（一合），青盐（一两）。上细锉，分为二剂，每剂用水二斗，入连须葱白三茎，生姜一两，拍碎煎至一斗，去滓，加盐半匙，避风处看冷热淋蘸。

2.《普济方·卷一百五十六·身体门》

《永类钤方》：治腰脚撑腿痛，亟用葡萄根煎汤淋洗。

3.《普济方·卷一百六十二·喘嗽门》

治肺气咳嗽不得睡卧，出《圣惠方》。人参（一两，去芦头），大腹皮（一两，锉），白蒺藜（三分，微炒，去刺），百合、麦门冬（三两去心），枇杷叶（半两，拭去毛，炙黄），桔梗（三分，去芦头），葛根（三分，锉），黄芩（三分），赤茯苓、葡萄枝（三分，锉），酸枣仁（一两，微炒令香）。上为散，每服五钱，水一大盏煎至五分，去滓，不拘时，温服。

4.《普济方·卷二百六·呕吐门》

治呕哕及霍乱后恶心。用葡萄根浓煮汁，细细饮之。

5.《普济方·卷二百十四·小便淋秘门》

治热淋，小便赤涩，疼痛。葡萄（自然汁）、蜜、生藕（自然汁）、生地黄（自然汁，各五合）。上和匀，每服七分，水一盏，银石器内慢火熬沸，温服，不拘时。

6.《普济方·卷二百十五·小便淋秘门》

当归汤：治血淋及五淋等疾。当归（去芦）、淡竹叶、灯心、红枣、竹葳蕤、麦门冬（并根苗用）、乌梅、甘草、木龙（又名野葡萄藤）。上等分或多少，不妨煎汤，作热水。患此疾者多渴，随意饮之。

7.《普济方·卷二百十九·诸虚门》

益气调中，耐饥强志，以葡萄酿酒服，取藤汁酿酒亦佳，狗肉汁酿酒大补。

8.《普济方·卷二百四十三·脚气门》

酸枣仁酒：治脚气疼痛及光泽肌肤，润养五脏。酸枣仁（三两）、干葡萄（五两）、黄芪（三两）、天门冬（三两）、赤茯苓（三两）、防风（三两）、独活（二两）、大麻仁（半斤）、桂心（二两）、羚羊角（三两）、五加皮（三两）、牛膝（五两，去苗）。上锉，用生绢袋盛，以清酒三斗浸六日后，每于食前，随性暖服之。

9.《普济方·卷二百五十七·食治门》

葡萄，味甘、辛，平，无毒。主筋骨，温脾，益气，倍力，强志，令人肥健，耐饥，忍风寒。久食轻身，延年，治肠间水，调中。酿酒，常饮益人，利小便。

10.《普济方·卷二百五十九·食治门》

葡萄煎方：治热淋，小便涩少，碜痛沥血。葡萄（绞取汁五合）、藕汁（五合）、生地黄汁（五合）、蜜（五两）。上相和，煎如稀饧，每于食前服二合。

11.《普济方·卷二百六十五·服饵门》

葡萄酒：驻颜，暖腰肾。干葡萄（一斤末）、细曲末（五升）、糯米（五斗）。上炊糯米，熟，候冷，入曲并葡萄末，搅入匀，入瓮盖覆，候熟，即饮一盏。

12.《普济方·卷二百七十二·诸疮肿门》

黄香饼：治鬈毛疮，在头中，初生如葡萄，痛不止。黄柏（一两）、郁金（五钱）、乳香（一分）。上捣研为末，用槐花水调，作饼，于疮口贴之。

13.《普济方·卷二百七十八·诸疮肿门》

赤龙散：消散一切肿毒。以野葡萄根红者，去粗皮，为末，新水调，涂肿上，频扫新水。

14.《普济方·卷二百八十九·痈疽门》

狼毒膏：治发背疮，如葡萄破后，疮孔无数，狼毒、蓝根、龙胆（各半两），定风草（一两），乳香（一钱），水银粉（炒一钱）。上为末，蜜调成膏，摊帛上，贴疮。

15.《普济方·卷三百四十二·妊娠诸疾门》妊娠子上冲心：饮葡萄汤，即下，其胎安，一方用葡萄根，浓煮汁饮之。

16.《普济方·卷三百四十七·产后诸疾门》葡萄酒，治吹乳。上单用葡萄一枚，于灯焰上燎过，研细，热酒调服。

17.《普济方·卷四百二·婴孩痘疹门》

朝夕啼哭者，由神不安舍，察其毒气，在表在里，若虚若实，随紫草饮子等，解利之，或有不同虚实便以胡荽酒洒之、葡萄酒饮之。

人参汤：治小儿疮痘将出。人参（一钱）、葡萄苗（一分）、林檎（一枚）、木猴梨（七枚）。上锉碎，以水二盏，煎至一盏，去滓，放冷，时时令吃。

治天行疮，子不出：以红蓝花子吞数颗，治时，气发疮疹。不出者，以葡萄研酒饮之，甚效。

万金散：治疮疹已出，未能匀遍，色不红润。防风（三钱），人参、蝉蜕（各二钱）。上为细末，煎葡萄汤，调下如无蜜，葡萄亦可煎汤服了，急用芥子末白汤调如膏，涂儿脚心，干即再敷，其毒渐复出，疮疹依前红活。

如圣散：疗小儿斑疮不快倒靥。上用赤芍药，不以多少，杵为细末，每服半钱，煎葡萄酒，冷调，下白汤服，亦可不拘时候。

三、《奇效良方》

（一）《奇效良方》简介

《奇效良方》全称《太医院经验奇效良方大全》，为明代医家董宿辑录，方贤续补，杨文翰校正而成。董宿，会稽（今浙江绍兴）人，正统年间（1436—1449 年）任太医院院使，曾深察药性，博究医书，广集诸家医方，草辑《试效神圣保命方》10 卷，然未竟而卒。方贤，吴兴（今属浙江）人，正统、景泰年间（1436—1457 年）历任太医院院使、院判，曾据董宿所集医方，与御医杨文翰共同考订增补，对原书方论之轻重失宜、先后不伦、繁而失要者，悉予勘正，又收集当代经验有效良方予以补入，重新荟萃类编，更名为《奇效良方》。

《奇效良方》正文 69 卷，目录 1 卷，合为 70 卷，分 64 门，每门再分若干病证，每病有论有方，先论后方，共载方 7000 余首，汇集了上自《内经》《难经》，下迄唐、宋、金元、明初各种重要医籍的病论及医方精华，综合了中医内、外、妇、儿、五官、针灸、正骨等各科疾病的医疗经验，较明代大型方书《普济方》更加简明实用，故受到后世医家的欢迎。但受当时历史条件的限制和社会风气的影响，书中也掺杂了部分不科学的内容，临床应用时应予以批判地接受，不可拘泥。

该书由明太医院初刊于成化七年（1471 年），后于成化九年（1473 年）重刊。现存版本中尚有明正德六年（1511 年）刘氏日新堂刻本，然以上版本存世甚少，一般读者难得窥见。中华人民共和国成立后，商务印书馆于1959 年根据成化七年初刊本进行铅版印刷，使此书得布于世。

（二）《奇效良方》所见葡萄记载

1.《奇效良方·卷之二十一·诸虚门（附论）·诸虚通治方》

驻颜暖腰肾。干葡萄（一斤，末），细曲（五斤，末），糯米（五斗）。上炊糯米熟，候冷，入曲并葡萄末，水三斗，搅令匀，入瓮盖覆候熟，实时饮一盏，不拘时。

2.《奇效良方·卷之三十五·诸淋门（附论）·诸淋通治方》

治热淋，小便赤涩疼痛。葡萄（取自然汁）、生藕（取自然汁）、生地黄（取自然汁）、白蜜（各五合）。上和匀，每服七分一盏，银石器内慢火熬沸，不拘时温服。

治血淋及五淋等疾。当归（去芦）、淡竹叶、灯心、竹园荽、红枣、麦门冬、乌梅、木龙（一名野葡萄藤）、甘草。上各等分，锉碎煎汤作熟水。患此疾者多渴，随意饮之。

3.《奇效良方·卷之六十五·疮疹论药方·防备熏沐用之第六》

葡萄酒。治时气发疮疹不出者。上以葡萄研酒饮之。葡萄味甘，平，利小便，取穗出快之义也。

4.《奇效良方·卷之六十五·论疮痘初出证第一·论疮痘已出后复生他疾第三》

治病当随时变通，不可泥于一曲也。且疮疹之证，如热毒在表者，不可下，下之则里虚为害，非虚亦不可助之，助之里有壅热为害，亦不可令有大热。故前人云：斑疹未见者，以葛根汤、鼠粘子汤、惺惺散、紫草饮子解利之，但里不至冷，大便不至利，气实者可服之也。或有不问虚实，以胡荽酒洒之，以葡萄酒饮之，又火煅人齿，用酒调服之。若盛实者服之则为害，盖胡荽酒、葡萄酒、火煅人齿，此皆内虚自利陷伏者可服之。

四、《证治准绳》

（一）《证治准绳》简介

《证治准绳》为明代著名医家王肯堂所撰。全书包括"杂病"8卷、"类方"8卷、"伤寒"8卷、"疡医"6卷、"幼科"9卷、"妇科"5卷，共计6种、44卷，所述以证候治法尤详，故名《证治准绳》，又因所论内容为6种，故又有《六科证治准绳》《六科准绳》之称。其中"杂病"与"类方"两种内容相关，前者专论杂病证治，后者专载所用方药，二者实为姊妹篇。其余4种均独立成篇，分述了伤寒及外、妇、儿科疾病的脉因证治。

由于该书详论各科证治，内容广博宏丰，理法方药齐备，条分缕析，博采众家所长，平正公允，素有医家圭臬之称，更甚者不知医不能脉者，因证检书而得治法，故本书自问世以来，颇为历代医家所推崇，影响甚大。

本书经过整理校点，重新出版，现存初刻本、清刻本及日本翻刻本。

1949年后有《证治准绳》影印本。

（二）《证治准绳》所见葡萄记载

1.《证治准绳·类方·卷三·溲血》

当归汤：治血淋及五淋等疾。当归（去芦）、淡竹叶、灯心、竹园荽、红枣、麦门冬（去心）、乌梅、木龙（一名野葡萄藤）、甘草。上各等分，锉碎，煎汤作熟水。患此疾者多渴，随意饮之。

2.《证治准绳·类方·卷六·淋》

四汁饮：治热淋，小便赤涩疼痛。葡萄（取自然汁）、生藕（取汁）、生地黄（取汁）、白蜜（各五合）。上和匀，每服七分一盏，银石器内慢火熬沸，不拘时，温服。

五、《本草单方》

（一）《本草单方》简介

中医书籍《本草单方》成书于明代，8卷，由王鏊撰写，成书于明弘治九年（1496年）。王氏认为药忌群队，信单方之为神，乃取《大观本草》诸药方，对病检方，并以东垣、丹溪之医论冠诸篇目，俾读者晓知病因，随病用药，而成本书。卷一至卷三以内科为主，列中风、风痹、痢、水肿等57门；卷四以五官病为主，列喉痹、失音、口舌等34门；卷五以外科为主，列甲疽、仆坠折伤等19门；卷六列妇、儿、疡等科30种；卷七、卷八未见。书中录方3200余首。现存明嘉靖震泽王延喆刻本、清嘉庆李陵云据王延喆刻本抄本。

（二）《本草单方》所见葡萄记载

《本草单方·卷二·水肿·葡萄》

又，葡萄嫩心十四个、蝼蛄七个去头尾，同研，露七日晒干为末，每服半钱，淡酒调下，暑月尤佳（《洁古保命集》）。

六、《医学入门》

（一）《医学入门》简介

《医学入门》由明代著名医家李梴编撰。李梴，字健斋，南丰人。李梴青年时期因病学医，博览群书，勤于临床，医声斐然。他晚年因感初学者苦无门径可寻，乃收集医书数十家，论其要、括其词、发其隐而类编之，著成本书，并于明万历三年（1575年）刊行于世。

该书共8卷，内容包括历代医家传略、保养、运气、经络、脏腑、诊断、针灸、本草、方剂，以及外感内伤病机、内外妇儿各科疾病证治等，所述内容皆先编成歌括书之于前，然后引录各家，并参以己见详注于后。由于该书内容广博，分类明晰，通俗易懂，便于习诵，故受到后世医家的欢迎，成为初学中医者的最佳读本之一。

（二）《医学入门》所见葡萄记载

1.《医学入门·内集·卷二·本草分类·食治门》

葡萄味甘平渗下，利便通淋水气化，更治筋骨湿痹疼，酿酒调中味不亚，根止呕哕达小肠，能安胎气冲心蠷。

无毒。丹溪云：属土而有水木火，东南人食之，多病烦热眼暗，西北人禀气厚，服之健力耐寒，盖性能下走渗道也。故经云：通小便，治淋涩，逐肠间水气，主筋骨间湿痹。兼治痘疹不出，研和酒饮之。酒，甘，温，收其子汁酿之自成。除湿调中，利小便，多饮亦动痰火。魏文帝云：醉酒宿醒掩露而食，甘而不饮，酸而不酢，冷而不寒，味长汁多，除烦解渴，他方之果，宁有配乎？根，主呕哕及胎气上冲，煮浓汁饮之。俗呼其苗为土木通，逐水利小肠尤佳。又一种山葡萄，亦堪为酒，性亦大同。

2.《医学入门·外集·卷五·小儿门·痘》

大便不通小便血，遍身肌肉尽破裂。初热误用热药，报痘又以胡荽、葡萄、人齿服之，虚者犹宜，实者令毒攻脏腑肢络，灌注耳、目、口、鼻、咽喉闭塞，大便不通，小便如血，或为痈疮肌肤破裂，皆阳盛无阴也。宜猪尾膏、犀角地黄汤、解毒汤、三黄九。服后疮出红活者吉，倒靥者死。暑月痘烂生蛆，乃热毒盛也，内服清热之药，外以带叶柳枝铺地卧之，或水杨汤沃之亦好。

一、《良朋汇集经验神方》

（一）《良朋汇集经验神方》简介

《良朋汇集经验神方》又名《良朋汇集》，清代孙伟撰，是验方汇编。其内容包括临床各科，分为中风、伤气、中寒、瘟疫等132门，载方1600余首。现存刊本另有四卷本、六卷本和十卷本，内容大致相同。孙伟乃慷慨好义之士，少有习医济世之志，早年家贫，随兄以贩米为生，暇则钻研医药。其自二十许涉历江湖，流寓湖南常山，以卖药为业，数年后归故里，行医于崇文门内，悬壶20余年，为王公大臣所知重，延请者络绎不绝，声誉大震。其后供职于太医院方略馆，14年后，授贵州山岭管驿。其在贵州时，曾将自己50年行医之方辑次整理，编成《经验藏书》2卷，刻版运送京师，刷印3000余部行世。该书行世后，孙氏仍潜心搜罗奇效良方。一日，其对友人曰：近日又得许多奇方，可惜无传。言既出，遂有老友长白人吴德倍、燕山黄子等襄助集资付梓。该书于康熙五十年（1711年）十月刻成是书，因其得友人赞助而成，故得名《良朋汇集经验神方》。

该书现今传世不多，今有清乾隆三年文锦堂刻本。

（二）《良朋汇集经验神方》所见葡萄记载

1.《良朋汇集经验神方·卷二·大小便门·四汁饮》

四汁饮：专治热淋，小便赤涩疼痛。葡萄、生藕、生地黄（各取汁）

五钱，加蜂蜜五钱和匀，每用一盏在瓷器内，慢火熬沸，不拘时服。

2.《良朋汇集经验神方·卷二·腰疼门·又肩背筋骨痛》

一方：治腿疼难忍（孙伟方）。核桃仁四个，酸葡萄七个，斑蝥一个，铁线透骨草三钱。水二钟，煎八分，空心热服，出汗愈，不问风湿服效。

3.《良朋汇集经验神方·卷三·诸病门·独圣丸》

独圣丸（胡一鹏方）。马钱子不拘多少，滚水煮去皮，香油炸紫色为度，研末，每两加甘草二钱，糯米糊为丸，如粟米大。每服三四分，量人加减，各随引下。朱砂为衣，乳汁浸，作小灵丹。雄黄为衣，即夺命丹。凡遇病，忌花椒、醋，相反。治一切诸疮，槐花煎汤送下；眼疾，白菊花汤送下；瘫痪，五加皮牛膝汤送下多服；上焦火，赤眼肿痛、喉闭口疮、喷食翻胃、虚火劳疾、痰饮、一切热病，俱用茶清送下，忌葱、醋、花椒；流火，葡萄汤送下；小儿痞疾疳症，使君子汤送下；腿疼，牛膝、杜仲、破故纸汤送下；男女吐血，水磨京墨送下；流痰火遍身走痛，生牛膝捣汁，黄酒送下，出汗；大便下血，槐花、枯矾，煎汤送下；疟疾，雄黄、甘草，煎汤送下，出汗效；湿风症遍身走痛、发红黑斑点、肿毒，连须葱白、姜、黄酒，煎汤服；红痢，甘草汤服；白痢，姜汤服；吮乳，通草，酒煎服；虫症，山楂、石膏，煎汤服；两胁膨胀，烧酒服；解药毒，用芥菜叶根捣汁冷服，冬天用甘草汤服可解。

二、《喻选古方试验》

（一）《喻选古方试验》简介

《喻选古方试验》一书为喻嘉言选辑，王光杏录，刊于道光十八年（1838年）。该著是作者选录《本草纲目》中的附方，予以分类编辑而成，是一部综合性医学方药著作。全书共4卷。卷一为合药分剂法则、服药宜忌及通治方。后三卷每卷之下又分门别类，囊括了内、外、儿、妇产、男、耳、鼻、咽、喉、口腔、皮、骨伤、痘疹、传染病、虫兽伤等各科主治与方剂。选方既有传统古方，又有大量民间单方、验方、偏方等，其中部分方剂为王氏耳闻目见，试用有效。

（二）《喻选古方试验》所见葡萄记载

1.《喻选古方试验·卷三·水肿鼓胀·十种水病》

十种水病：腹满喘促不得卧。

蝼蛄五枚，焙干为末，食前白汤服一钱，加甘遂末一钱，商陆汁一匙，取下水为效。忌盐一百日。小便秘者，用蝼蛄下截焙研，水服五分，立通。

《保命集》蝼蛄一枚，葡萄心七枚，同研，露一夜，日干，研末，酒服。

2.《喻选古方试验·卷四·胎产·胎上冲心》

胎上冲心：葡萄煎汤饮即下（《圣惠》）。

又方，以甘蔗汁一盏，加生姜汁三匙，顿服即愈。

三、《太医院秘藏膏丹丸散方剂》

（一）《太医院秘藏膏丹丸散方剂》简介

《太医院秘藏膏丹丸散方剂》是一部清代太医院内的处方集，成书于清宣统二年（1910年）。全书共收录方剂440余首，部分为历代名方，亦有不少经验方，其余则不曾见有其他方书记载。各方详述炮制、制剂方法或煎法、服用方法及其主治。其剂型包括丸、散、膏、丹、汤，以及许多药酒剂。每方详细标明药物、剂量、制服法及适应证，适用于内、外、妇、儿、五官、皮肤等各科疾病。是书方剂以丹、丸、散成药为多，炮制法较考究。

（二）《太医院秘藏膏丹丸散方剂》所见葡萄记载

《太医院秘藏膏丹丸散方剂·卷四·解酒仙丹》

解酒仙丹：白果仁（八两）、葡萄（八两）、侧柏枝（一两）、薄荷（一两）、细辛（五分）、潮脑（一分）、细茶松（一两）、当归（五钱）、丁香

（五分）、砂仁（一两）、甘松（一两）。

共为细末，炼蜜为丸，芡实大。每服一丸，细嚼一丸，清茶送下，急能解酒。

四、《救生集》

（一）《救生集》简介

《救生集》分35门，20余万字，分列意外急救、伤寒中风、通治诸病、临床各科、养生保健、推拿按摩等篇，汇集方药2000多首。书中常有一症多方，便于对症选药；又有一方加减治疗诸病之例，且注明该方出处，所以多为后世医家采用。治法有内服、外敷、熏蒸、洗涤、熨贴、针灸、填塞、食疗，靡不悉具。书中所集诸方，平稳妥当，简明扼要，颇多创见，辨证施治，无不神效。故一册在手，医者可按病施药，病家可依方自救，甚至在缺医少药之地，亦可救危急于俄顷。今有中医古籍出版社2004年出版的珍本医籍丛刊《救生集》。

（二）《救生集》所见葡萄记载

1.《救生集·卷二·眼目门》

目中翳障，取蘡薁藤（俗名野葡萄，又名甘苦子藤）以水浸过，吹气取汁。滴目中，去热翳，赤白障。

2.《救生集·卷二·二便门》

五淋血淋：木龙（即野葡萄藤也）、竹园荽、淡竹叶、麦冬门、连根苗、红枣肉、灯草、乌梅、当归各等分。煎汤，代茶饮。

男妇热淋：取野葡萄根七钱，葛根三钱，水一盏，煎七分，入童子小便三分。空心温服。此方并能治女人腹痛。

3.《救生集·卷三·妇人门》

胎上冲心：葡萄煎汤饮。

五、《验方新编》

（一）《验方新编》简介

《验方新编》，方书，8卷，清代鲍相璈（云韶）辑于道光二十六年（1846年）。因本书流传广泛，刊本种类颇多，除八卷本外，另有十六卷本、十八卷本、二十四卷本等。本书是一部以博载民间习用奇验良方为主而兼收医家精论治验的方书，书中收载的民间习用验方、单方，价廉、简便、效验。全书分99问，共6000余条，以外治居多，而内治诸方亦斟酌入选。本书按人体从头到足的顺序分部，内容包括内、外、妇、儿、五官、针灸、骨伤等科的医疗、预防、保健的方药与论述，怪症奇病的内外治法、方药，以及辟毒、去污杂法。特别是痧症专篇，详述痧症种类、兼症的内外治法，尤精于民间的刮痧疗法；骨伤跌打损伤专卷，精论了伤损的检查诊断、整骨接骨、夹缚手法及民间手术。本书亦精亦博，既简既便，病者可按部稽症，按症投剂，犹如磁石取铁的特点得到了名人学者的赞誉，并在民间广为流传，是一部中医爱好者必备的参考书。本书流传颇广，版本甚多。现存清道光二十九年（1849年）广州海山仙馆刻本、咸丰四年（1854年）善成堂刻本、同治元年（1862年）海山仙馆刻本、光绪元年（1875年）长白纪葛氏刻本等40余种刊本，近有商务印书馆铅印本。

（二）《验方新编》所见葡萄记载

1.《验方新编·卷九·妇人科胎前门·胎上冲心》

葡萄一两，煎汤服即下，或用前吴萸敷脚心方更妙。胎安即洗去为要。

2.《验方新编·卷二十三·跌打损伤经验各良方·闪腰挫气》

番葡萄干一两，好酒煎服，重者两服即愈。

（一）《奇效简便良方》简介

《奇效简便良方》，清代丁尧臣辑。丁尧臣，字又香，会稽（今浙江绍兴）人。丁氏善吟咏，精拳术，喜游历，旁通医术，每施方以治病，尝合药以济贫，晚年将其毕生所验之方，集成此书，刊刻济世。全书4卷，载方千数，分列为18门，有"头面""耳目""口鼻""喉舌齿牙""身体""四肢""胸胃心腹""杂症""妇女""胎产""小儿""痘疹""痧症霍乱""便淋泻痢""痔漏脱肛""损伤""痈疽疮毒""中毒急救"。书中所集诸方，平稳妥当；所用药品，寻常易得；一症多方，便于选择。此书之刻，诚便于荒僻之乡，或缺医少药之时，照方治疗，每获奇效。拯救疾苦，莫善于此。

（二）《奇效简便良方》所见葡萄记载

1.《奇效简便良方·卷一·身体·闪锉腰痛》

神曲（一块如拳大），烧过红淬黄酒二大碗饮之；或葡萄干一两，酒煎服；或葱白捣炒，热擦之，再以生大黄末，姜汁调敷。尽量饮好酒。

2.《奇效简便良方·卷三·胎产·胎上冲心》

萝卜煎汤饮，或弓弦系腰上，或葡萄一两，煎汤服。

3.《奇效简便良方·卷四·损伤·闪跌伤腰》

白葡萄干一两，好酒煎服，重者两服愈。

七、《冯氏锦囊秘录》

（一）《冯氏锦囊秘录》简介

《冯氏锦囊秘录》又名《冯氏锦囊》，50卷，清代冯兆张撰于清康熙三十三年（1694年）。内容包括"《内经》纂要""杂症大小合参""脉诀纂要""女科精要""外科精要""药按""痘疹全集""杂症痘疹药性主治合参"8篇。该书分别辑取《内经》等基础理论及所涉临床各科的精要，参以已见，重点发挥。对于几种痘疹论述尤详。全书内容丰富，收集民间效方亦较多。现存多种清刻本。

（二）《冯氏锦囊秘录》所见葡萄记载

1.《冯氏锦囊秘录·杂症痘疹药性主治合参·卷四十四·果部》

葡萄苗，成藤蔓易长，实有紫、黑及白，取汁酿酒，留久愈香。逐水气，利小便不来者殊功，治时气，发疮疹不出者立效。益气倍力，令人肥健，胎孕冲心，食之即下。多食令人烦闷昏眼。根即名木通，通便甚验。

2.《冯氏锦囊秘录·痘诊全集·卷三十四》

柳花散，治室女发热经行。柳花（五七钱）、紫草（一两一钱）、升麻（九钱）、归身（七钱五分）为末，每服七钱，葡萄煎汤调下。

第三章　农业与饮食典籍里的葡萄

第一节
农业典籍

一、《齐民要术》

（一）《齐民要术》简介

《齐民要术》是我国现存最早的一部综合性农学著作，是古代四大农书之一。该书大约成书于北魏末年（533—544 年），由我国南北朝时期杰出的农学家贾思勰所著。

该书系统总结了自西周以来我国黄河中下游地区，即今之山西东南部、河北中南部、河南东北部和山东中北部劳动人民农牧业的生产状况和经验，以及他们在农业和手工业方面所获得的知识和技术。内容涵盖农、林、牧、渔、副等综合的大农业思想和先进技术，例如农牧生产经验、植物栽培与利用、食品加工与贮藏，以及治荒的方法等，被誉为"中国古代农业百科全书"。它也是世界农学史上的一部不朽之作。

全书共 10 卷 92 篇，11 万余字，援引典籍近 180 种，其中包括《氾胜之书》《四民月令》等现已失传的汉晋重要农书，由此成为人们了解当时的农业运作，研究古物种变化的重要经典。该书内容丰富详尽，涉及农作物种植、园艺栽培、牲畜养殖及农产品加工等。"卷十"还以引录文献方式，列举了多种"非中国物"，即当时我国北方不生产的热带、亚热带蔬菜和瓜果。该书为后世农业生产和历代农学书籍的重要参考书，堪称我国农业技术史上的里程碑。

（二）《齐民要术》所见葡萄记载

《齐民要术·卷四·种桃柰第三十四》

葡萄：汉武帝使张骞至大宛，取葡萄实，于离宫别馆旁尽种之。西域有葡萄，蔓延，实并似蘡。《广志》曰：葡萄有黄、白、黑三种者也。蔓延，性缘，不能自举，做架以承之，叶密阴厚，可以避热。十月中，去根一步许，掘作坑，收卷葡萄悉埋之，近枝茎薄，安泰穰弥佳，无穰，直安土亦得，不宜湿，湿则冰冻，二月中还出，舒而上架，性不耐寒，不埋即死。其岁久根茎粗大者，宜远根作坑，勿令茎折。其坑外处，亦掘土并穰培覆之。

摘葡萄法：逐熟者，一一零叠（一作"摘取"），从本至末，悉皆无遗，世人全房折杀者，十不收一。

作干葡萄法：极熟者，一一零压摘取，刀子切去蒂，勿令汁出。蜜两分，脂一分，和内蒲萄中，煮四五沸，漉出，阴甘便成矣。非直滋味倍胜，又得夏暑不败坏也。

藏葡萄法：极熟时，全房折取，于屋下作荫坑，坑内近地凿壁为孔，插枝于孔中，还筑孔使坚，屋子置土覆之，经冬不异也。

二、《农书》

（一）《农书》简介

《农书》，作者王祯，是一部从全国范围内对农业进行系统研究的巨著。《农书》三十七集本成书于元皇庆二年（1313年），明代初期被编入《永乐大典》，明清以后有很多刊本。1981年出版了经过整理、校注的王毓瑚校本。全书13万余字。内容包括3个部分：①"农桑通诀"6集，作为农业总论，体现了作者的农学思想体系。②"百谷谱"11集，为作物栽培各论，分述粮食作物、蔬菜、水果等的栽种技术。③"农器图谱"20集，占全书80%的篇幅，几乎包括了所有的传统农具和主要设施，堪称中国最早的图文并茂的农具史料，后代农书中所述农具大多以此书为范本。《农书》能兼论南北农业技术，对土地利用方式和农田水利叙述颇详，并广泛介绍各种农具，是一部很有价值的典籍。本书"田制门"后附录"法制长生屋"和"造活字印书法"，对防火建筑和活字印刷术的发展有重要贡献。

（二）《农书》所见葡萄记载

《农书·卷十·榆》

又种榆法：其于地畔种者，致雀损谷；既非丛林，率多曲戾。不如割地一方种之。其白土薄地不宜五谷者，唯宜榆地须近市。卖柴、炭、叶，省功也。白榆、梜榆、刺榆，凡榆三种色，别种之，勿令和杂。梜榆，荚叶味苦；凡榆，荚味甘，甘者春时将煮卖，是以须别也。耕地收荚，一如前法。先耕地作垄，然后散榆荚。垄者看好，料理又易。五寸一荚，稀概得中。散讫，劳之。榆生，共草俱长，未须料理。明年正月，附地芟杀，放火烧之。亦任生长，又至明年正月，劚去恶者，其一株上有七八根生者，悉皆斫去，唯留一根粗直好者。

三年春，可将荚、叶卖之。五年之后，便堪作椽。不梜者，即可斫卖。梜者旋作盏。十年之后，魁、碗、瓶、榼，器皿，无所不任。十五年后，中为车毂及蒲桃。

三、《农政全书》

（一）《农政全书》简介

《农政全书》是明代徐光启创作的农书，成书于明代万历年间，基本上囊括了中国明代农业生产和人民生活的各个方面，而其中又贯穿着一个基本思想，即徐光启治国治民的"农政"思想。贯彻这一思想正是《农政全书》不同于其他大型农书的特色之所在。

《农政全书》按内容大致可分为农政措施和农业技术两部分。前者是全书的纲，后者是实现纲领的技术措施。所以在书中，人们可以看到开垦、水利、荒政等一些不同寻常的内容，并且这些内容占了将近一半的篇幅，这是其他的大型农书所鲜见的。以荒政为例，其他大型农书，如汉《氾胜之书》、北魏《齐民要术》，虽然亦偶尔谈及一两种备荒作物，甚至在元代王祯《农书》"百谷谱"之末开始出现"备荒论"，但是内容均不足2000字，比不上《农政全书》。《农政全书》中，荒政作为一目，有18卷之多，为全书12目之冠。目中对历代备荒的议论、政策做了综述，对水旱虫灾做了统计，对救灾措施及其利弊做了分析，最后附可资充饥的植物414种。

（二）《农政全书》中所见葡萄记载

《农政全书·卷三十·树艺》

张骞使大宛，取葡萄实，于离宫别馆旁尽种之。一名蒲萄，一名赐紫樱桃。《广志》曰：有黄、白、黑三种。水晶葡萄，晕色带白，如着粉；形大而长，味甘。紫葡萄，黑色，有大小二种，酸甜二味。绿葡萄，出蜀中，熟时色绿。至苦西番之绿葡萄，名兔睛，味胜糖蜜，无核，则异品也。琐琐葡萄，出西番，实小如胡椒，小儿常食，可免生痘。又云：痘不快，食之即出。今中国亦有种者：一架中间生一二穗。云南者，大如枣，味尤长。波斯国所出，大如鸡卵，可生食，可酿酒。最难干，不干，不可收。《齐民要术》曰：蔓延，性缘不能自举，作架以承之。叶密阴厚，可以避热。

《便民图纂》曰：二三月间，截取藤枝，插肥地；待蔓长，引上架。根边，以煮肉汁或粪水浇之。待结子，架上剪去繁叶，则子得沾雨露肥大。冬月，将藤收起，用草包护，以防冻损。其根茎，中空相通；暮溉其根，至朝而水浸其中。浇以米泔水最良。以麝入其皮，则葡萄尽作香气。以甘草作针，针其根则立死。《三元延寿书》云：葡萄架下不可饮酒，恐虫屎伤人。玄扈先生曰：须春分便插，太迟，则有浆出，损本。

又法，宜栽枣树边。春间，钻枣树作一窍，引葡萄枝从窍中过。候葡萄枝长，塞满窍子，斫去葡萄根，托枣以生，其实如枣。十月中，去根一步许掘作坑，收卷葡萄悉埋之。近枝茎，薄安黍穰弥佳。无穰，直安土亦得，不宜湿，湿则冰冻。二月中，还出舒而上架。性不耐寒，不埋即死。其岁久根茎粗大者，宜远根作坑，勿令茎折。其坑外处，亦掘土并穰培覆之。玄扈先生曰：北方必须舒卷，年远亦难。南方竟以穰草裹根可也。

正月末，取嫩枝长四五尺者，卷为小圈。先治地令松，沃之以肥。种时，止留二节在外。春气萌动，发芽尽萃于出土二节。不一年，成大棚，实大而多液。生子时，去其繁叶遮露，则子尤大，忌浇人粪。

四、《农桑辑要》

（一）《农桑辑要》简介

《农桑辑要》是我国现存最早的官修农书，由元代司农司编撰，于元至元十年（1273 年）成书，并刊刻颁行全国各地作为指导农业生产之用。元灭金初建时，朝廷重视农业，设专管农桑水利的机构司农司。《农桑辑要》总计 6 万字左右，分作 7 卷，对十三世纪前的农耕技术经验加以系统总结，包括典训、耕垦、播种、栽桑、养蚕、瓜菜、果实、竹木、药草、孳畜 10 部分，分别叙述了我国古代农业的传统习惯和重农言论，以及各种作物的种植栽培、家畜家禽的饲养技术。

该书选辑元代初年之前农书的内容，承袭了农书中丰富的遗产。《氾胜之书》《四民月令》《齐民要术》《四时纂要》中全部有用的材料都被该书引征。在思想体系和内容安排上，该书大体是以《齐民要术》为范本，对其烦琐的各物考记和浮华的风雅辞藻章句进行了大量删削，新增谷物、纤维植物、蔬菜、果树、竹木、药用植物和畜牧等总计 40 项之多，从而使之成为一部实用价值很高的著作，《四库全书总目提要》给以"详而不芜，简而有要，于农家之中最为善本"的评语。

该书因系官书，不提撰者姓名，但据元刊本及各种史籍记载，孟祺、畅师文和苗好谦等曾参与编撰或修订。本书在元代多次重刊，而之后流传的版本是清代编修《四库全书》时从明代《永乐大典》中辑出的。

（二）《农桑辑要》所见葡萄记载

《农桑辑要·卷五·桃（樱桃、蒲萄附）》

蒲萄，蔓延，性缘不能自举，作架以承之。叶密阴厚，可以避热。

十月中，去根一步许，掘作坑，收卷蒲萄悉埋之。近枝茎薄安黍穰弥佳。无穰，直安土亦得。不宜湿，湿则冰冻。二月中还出，舒而上架。性不耐寒，不埋则死。其岁久根茎粗大者，宜远根作坑，勿令茎折。其坑外处，亦掘土并穰培覆之。

五、《二如亭群芳谱》

（一）《二如亭群芳谱》简介

《二如亭群芳谱》系明代济南人王象晋所撰写。他集历代农学大成，编著该书。"二如"两字源自《论语》"吾不如老农""吾不如老圃"两句，这是王象晋自诩对草木的熟悉程度如同老农、老圃一样。全书分元、亨、利、贞4部，分装于四函之中。元部有天谱3卷、岁谱4卷。亨部有谷谱全1卷、蔬谱2卷、果谱4卷。利部有茶竹谱全1卷（目录为茶竹谱全1卷，书中正文分为茶谱1卷、竹谱1卷）、桑麻葛棉谱全1卷（书中正文分为桑麻葛谱1卷、棉谱1卷）、药谱3卷、木谱2卷。贞部有花谱4卷、卉谱2卷、鹤鱼谱全1卷。全书目录为28卷，正文实际为30卷。

（二）《二如亭群芳谱》所见"葡萄"记载

《二如亭群芳谱》

有水晶蒲萄，晕色带白，如着粉，形大而长，味甚甜。西番者更佳。若西番之绿葡萄，名兔睛，味胜糖蜜，无核，则异品也。其价甚贵。

饮食典籍

本节涉及葡萄内容的典籍多为宋、元、明三代所书。自唐宋时期起，中国与西方诸国通过海上、陆上等方式进行交通、贸易，宋代更将贸易作为充实国库的重要途径。至元代，亚欧大陆族群交往频繁，商贾往来造就了大都（今北京）、泉州等国际城市。直至明代初年，朝贡体系的完善使越来越多的奇珍异宝、域外方药流入中国。葡萄见证了历朝历代人们对贸易物品认知的变迁。从一颗香甜的果实，到一杯令人沉醉其中的玉液，再到方剂中不可或缺的配伍。人们将葡萄物尽其用，从食品到药品，这既是贸易深入的产物，又是社会生产力持续进步的写照。本章选取的四本书，分别是宋人朱肱的《北山酒经》、元人忽思慧的《饮膳正要》、元人贾铭的《饮食须知》、明人谢肇淛的《五杂俎》、清人王士雄《随息居饮食谱》。这五本书既有对葡萄果实性状的描述，又有对葡萄药用价值的描述，还有对葡萄酿酒方法的描述，内容丰富，记载详尽。

一、《北山酒经》

（一）《北山酒经》简介

《北山酒经》是我国现存的第一部关于酿酒制曲工艺的专著，成书于北宋政和年间（1111—1118 年），作者朱肱。本书是继《齐民要术》后，对我国传统酿酒工艺的又一次总结。该书元末明初被陶宗仪收入丛书《说郛》之中，同时被收入《吴兴艺文志》。

《北山酒经》分上、中、下 3 卷，约 1.6 万字。上卷讨论了酒史、酒事和酿酒技艺的演变。中卷集中介绍了当时的 13 种酒曲及其制法。下卷对酿酒工艺做了详细的记述。最后还介绍了白羊酒、地黄酒、菊花酒、酴醿酒、葡萄酒、猥酒，以及几种药酒及其制法。

《北山酒经》对当时的酿酒工艺进行了较详尽的记述。它将酿酒工序大致分为卧浆、煎浆、汤米、蒸醋糜、酴米、蒸甜糜、投醹、上糟及煮酒等阶段，中间还插有淘米、合酵、酒器、收酒、火迫酒等辅助操作。这比《齐民要术》的叙述要详细得多，特别是每一工序的操作要点都有讲到，并且对制曲酿酒的道理进行了分析，因而更具理论指导意义。近代绍兴酒的酿造方法与此基本一致，可见当时的酿造技艺已很高。

《北山酒经》在文末专设葡萄酒提取、酿制方法的内容，包括葡萄数量、酿制时间、火候温度等。

（二）《北山酒经》所见葡萄记载

《北山酒经·卷下》

葡萄酒法：酸米入甑蒸，气上，用杏仁五两（去皮、尖），葡萄二斤半（浴过干，去子、皮），与杏仁同于砂盆内一处，用熟浆三斗逐旋研尽为度，以生绢滤过。其三斗熟浆，泼饭软，盖良久，出饭，摊于案上。依常法，候温，入曲搜拌。

二、《饮膳正要》

（一）《饮膳正要》简介

《饮膳正要》是元代饮膳太医忽思慧在14世纪30年代编撰的元代宫廷饮食专著，成于元天历三年（1330年），是我国古代第一部甚至是世界上现存最早的饮食卫生与营养学专著。该书以未病先防、重视饮膳、调养脾胃为原则，阐述了饮食养生与保健养生的诸多理论与方法。该书继承了元代以前的养生传统，融合了多个民族和地区的饮食精粹，又广泛吸纳了大量以中亚文化为主的外来食材和饮食方式，集食疗、养生、卫生保健于一体，全面系统地反映了元代宫廷的饮食与养生文化。

《饮膳正要》共分3卷。卷一讲各种食品。卷二讲原料、饮料和食疗。卷三讲粮食、蔬菜和肉类、水果等。书中还附有许多插图，如每种食物的性状，对身体有什么好处，能治什么疾病等，并一一做以说明。全书系统全面地总结了营养理论，对养生避忌、妊娠食忌、乳母食忌、饮酒避忌、奇珍异馔、食疗诸病、服药食忌、食物利害、食物中毒等均做了专门论述。该书收集了各种奇珍异馔、汤膏煎造术238方，谷类、肉类、菜类230余种。其所列食补诸方，用料易得，制作简便，且记录了大量蒙古族的食物名称、饮膳术语及卫生习惯，为研究我国古代营养学及元代饮食卫生习惯提供了丰富的资料。《饮膳正要》从侧面反映了元代中期蒙古族汉化及中外文化交流的史实。正是基于其在传统食疗以及本草学中的承上启下的地位，《饮膳正要》成为与《本草纲目》相媲美的经典著作，被尊为我国传统饮食文化的不朽巨著。

《饮膳正要·卷三》有对葡萄的专门记述，包括葡萄酿酒、酿醋和葡萄入药制膏。

（二）《饮膳正要》所见葡萄记载

1.《饮膳正要·卷第三·米谷品》

醋，味酸，温，无毒。消痈肿，散水气，杀邪毒，破血运，除癥块、坚积。醋有数种：酒醋、桃醋、麦醋、葡萄醋、枣醋、米醋为上，入药用。

葡萄酒，益气调中，耐饥强志。酒有数等，有西番者，有哈剌火者，有平阳太原者，其味都不及哈剌火者。田地酒最佳。

2.《饮膳正要·卷第三·果品》

葡萄，味甘，无毒。主筋骨湿痹，益气，强志，令人肥健。

3.《饮膳正要·卷第三·兽品》

驼峰，治虚劳风。有冷积者，用葡萄酒温调峰子油，服之良。好酒亦可。

4.《饮膳正要·卷第二·诸般汤煎》

渴忔饼儿，生津止渴，治嗽。渴忔（一两二钱），新罗参（一两，去芦），菖蒲（一钱，各为细末），白纳八（三两，研，系沙糖）。

上件，将渴忔用葡萄酒化成膏，和上项药末，令匀为剂，印作饼。每用一饼，徐徐噙化。

三、《饮食须知》

（一）《饮食须知》简介

《饮食须知》是由元代贾铭所撰写的一部颇具特色的食疗、食养著作，约成书于至正二十七年（1367年）。全书分为水火、谷类、菜类、果类、味类、鱼类、禽类、兽类8卷，记述360余种饮料和食物。该书编纂以"饮食籍以养生"和"物性有相反相忌"为依据，提出了"养生者未尝不害生"的观点，告诫人们在日常饮食中要合理膳食，注意饮食卫生，避免因不恰当的饮食而损害健康。它也是我国第一部从饮食致病角度探讨食物的性味与食用方法，以及食物间搭配相反相忌的饮食著作。该书特别指出了饮食与健康损益和疾病发生之间的关系，对饮食行为具有切实可行的指导意义。

《饮食须知》将葡萄置于果类中加以描述，讨论了葡萄的性质与作用。

（二）《饮食须知》所见葡萄记载

《饮食须知·卷四·果类》

葡萄，味甘酸，性微温。多食助热，令人卒烦闷昏目。甘草作钉，针葡萄立死。以麝香入树皮内，结葡萄尽作香气。其藤穿过枣树，则实味更美。葡萄架下不可饮酒，防虫屎伤人。

四、《五杂俎》

（一）《五杂俎》简介

《五杂俎》是明代文言笔记小说集，又作《五杂组》。明代仕人谢肇淛著。因其由天部、地部、人部、物部、事部5部分组成，故名。《五杂俎》约成书于万历四十三年（1615年），凡1752条，23万4千余字。该书多载明代史事，间有考辨，于天文地理、山川风物、政治历史、社会现象、掌故风俗、轶事琐闻，以及草木虫鱼、服饰器物等，均有涉及。其中"物部"所列，涉及饮食内容较多。

（二）《五杂俎》所见葡萄记载

《五杂俎·卷十一·物部三》

西域白蒲桃，生者不可见，其干者味殊奇甘，想可亚十八娘红矣。有兔眼蒲桃，无核，即如荔枝之焦核也，又有琐琐蒲桃，形如茱萸，小儿食之，能解痘毒。

五、《随息居饮食谱》

（一）《随息居饮食谱》简介

《随息居饮食谱》，清代王士雄撰，成书于清咸丰十一年（1861年），是一部著名的中医食疗养生著作。全书共1卷，列食物331种，分水饮、谷食、调和、蔬食、果食、毛羽、鳞介7类，每类食物多先释名，后阐述其性味、功效、宜忌、单方效方甚或详列制法，比较产地优劣等。全书论述清晰，重点突出，语言通俗易懂，是研究中医食疗法、养生保健、祛病延年的一本必备参考书。

（二）《随息居饮食谱》所见葡萄记载

《随息居饮食谱·果食类》

蒲萄，甘，平。补气，滋肾液，益肝阴，养胃耐饥，御风寒，强筋骨，通淋逐水，止渴安胎。种类甚多，北产大而多液，味纯甜者良，无核者更胜。可干可酿。枸杞同功。

胎上冲心，蒲桃煎汤饮，无则用藤叶亦可。呕哕、霍乱、溺闭、小肠气痛，并以蒲桃藤叶煎浓汁饮，可淋洗腰脚腿痛。

附种蒲桃法：正月末，取蒲桃嫩枝，长四五尺者，卷为小圈，令紧实。先治地土松而沃之，以肥种之，止留二节在外。候春气透发，众萌竞吐，而土中之节，不能条达，则尽萃于出土之二节，不二年成大棚。其实如枣，且多液也。

第四章　文史典籍里的葡萄

葡萄在我国不同历史时期的文史典籍中记载颇多，且有各种名称，如蒲陶、蒲桃、蒲萄、浮桃、蒱桃等。我国典籍所记中原地区的葡萄和葡萄酒大多来自西域，葡萄酒酿造之法也源于西域。由此可见，陆上丝绸之路的开通为我国葡萄种植与葡萄文化的发展带来极为深远的影响。

春秋战国至隋唐五代时期

文史典籍对葡萄有较多的记载，以二十四史为重点。我们对二十四史的分期以所记载史实朝代为据，即将后晋、宋人撰写的《旧五代史》和《新五代史》视为五代时期史籍，将元人撰写的《宋史》和《辽史》视为宋辽时期史籍。

一、《周礼》

《周礼》所见"葡萄"记载

《周礼·地官司徒第二·掌葛／槁人》

场人，掌国之场圃，而树之果蓏、珍异之物，以时敛而藏之。郑玄注：果，枣李之属。蓏，瓜瓠之属。珍异，蒲桃、枇杷之属。

说明： 这句话译成今文就是："场人，掌管廓门内的场圃，种植瓜果、葡萄、枇杷等物，按时收敛贮藏。"这说明在约3000年前的周代，人们已知道怎样贮藏葡萄。

二、《史记》

《史记》所见"葡萄"记载

《史记·大宛列传》

西北外国使，更来更去。宛以西，皆自以远，尚骄恣晏然，未可诎以礼羁縻而使也。自乌孙以西至安息，以近匈奴，匈奴困月氏也，匈奴使持单于一信，则国国传送食，不敢留苦；及至汉使，非出币帛不得食，不市

畜不得骑用。所以然者，远汉，而汉多财物，故必市乃得所欲，然以畏匈奴于汉使焉。宛左右以蒲陶为酒，富人藏酒至万余石，久者数十岁不败。俗嗜酒，马嗜苜蓿。汉使取其实来，于是天子始种苜蓿、蒲陶肥饶地。及天马多，外国使来众，则离宫别观旁尽种蒲萄、苜蓿极望。自大宛以西至安息，国虽颇异言，然大同俗，相知言。其人皆深眼，多须髯，善市贾，争分铢。俗贵女子，女子所言而丈夫乃决正。其地皆无丝漆，不知铸钱器。及汉使亡卒降，教铸作他兵器。得汉黄白金，辄以为器，不用为币。

说明： 由文中可见，在引进葡萄的同时，还招来了酿酒艺人。这说明我国葡萄酒酿造业的历史至今已有 2000 余年。

三、《汉书》

《汉书》所见"葡萄"记载

1.《汉书·卷五十七上·司马相如传第二十七上》

于是乎卢橘夏熟，黄甘橙楱，枇杷橪柿，亭柰厚朴，樗枣杨梅，樱桃蒲陶，隐夫薁棣，答沓离支，罗乎后宫，列乎北园，贶丘陵，下平原，扬翠叶，扤紫茎，发红华，垂朱荣，煌煌扈扈，照曜巨野。

2.《汉书·卷九十四下·匈奴传第六十四下》

元寿二年，单于来朝，上以太岁厌胜所在，舍之上林苑蒲陶宫。告之以加敬于单于，单于知之。加赐衣三百七十袭，锦绣缯帛三万匹，絮三万斤，它如河平时。既罢，遣中郎将韩况送单于。单于出塞，到休屯井，北度车田卢水，道里回远。况等乏食，单于乃给其粮，失期不还五十余日。

3.《汉书·卷九十六上·西域传第六十六上》

且末国，王治且末城，去长安六千八百二十里。户二百三十，口千六百一十，胜兵三百二十人。辅国侯、左右将、译长各一人。西北至都护治所二千二百五十八里，北接尉犁，南至小宛可三日行。有蒲陶诸果。西通精绝二千里。

罽宾地平，温和，有目宿、杂草、奇木、檀、槐、梓、竹、漆。种五谷、蒲陶诸果，粪治园田。地下湿，生稻，冬食生菜。其民巧，雕文刻镂，治宫室，织罽，刺文绣，好治食。有金、银、铜、锡，以为器。市列。以金银为钱，文为骑马，幕为人面。出封牛、水牛、象、大狗、沐猴、孔爵、珠玑、珊瑚、虎魄、璧流离。它畜与诸国同。

大宛国，王治贵山城，去长安万二千五百五十里。户六万，口三十万，胜兵六万人。副王、辅国王各一人。东至都护治所四千三十一里，北至康居卑阗城千五百一十里，西南至大月氏六百九十里。北与康居、南与大月氏接，土地风气物类民俗与大月氏、安息同。大宛左右以蒲陶为酒，富人藏酒至万余石，久者至数十岁不败。俗嗜酒，马嗜目宿。

张骞始为武帝言之，上遣使者持千金及金马，以请宛善马。宛王以汉绝远，大兵不能至，爱其宝马不肯与。汉使妄言，宛遂攻杀汉使，取其财物。于是天子遣贰师将军李广利将兵前后十余万人伐宛，连四年。宛人斩其王毋寡首，献马三千匹，汉军乃还，语在《张骞传》。贰师既斩宛王，更立贵人素遇汉善者名昧蔡为宛王。后岁余，宛贵人以为"昧蔡谄，使我国遇屠"，相与共杀昧蔡，立毋寡弟蝉封为王，遣子入侍，质于汉，汉因使使赂赐镇抚之。又发使十余辈，抵宛西诸国求奇物，因风谕以伐宛之威。宛王蝉封与汉约，岁献天马二匹。汉使采蒲陶、目宿种归。天子以天马多，又外国使来众，益种蒲陶、目宿离宫馆旁，极望焉。

4.《汉书·卷九十六下·西域传第六十六下》

遭值文、景玄默，养民五世，天下殷富，财力有余，士马强盛。故能睹犀布、玳瑁，则建珠崖七郡；感枸酱、竹杖，则开牂柯、越巂；闻天马、蒲陶，则通大宛、安息。自是之后，明珠、文甲、通犀、翠羽之珍盈于后宫，薄梢、龙文、鱼目、汗血之马充于黄门，巨象、狮子、猛犬、大雀之群食于外囿。殊方异物，四面而至。

四、《后汉书》

《后汉书》所见"葡萄"记载

《后汉书·卷八十八·西域传第七十八》

自敦煌西出玉门、阳关，涉鄯善，北通伊吾千余里，自伊吾北通车师前部高昌壁千二百里，自高昌壁北通后部金满城五百里。此其西域之门户也，故戊己校尉更互屯焉。伊吾地宜五谷、桑麻、蒲萄。其北又有柳中，皆膏腴之地。故汉常与匈奴争车师、伊吾，以制西域焉。

五、《三国志》

《三国志》所见"葡萄"记载

《三国志·魏书·明帝纪》

《三辅决录》曰：伯郎，凉州人，名不令休。其注曰：伯郎姓孟，名他，扶风人。灵帝时，中常侍张让专朝政，让监奴典护家事。他仕不遂，乃尽以家财赂监奴，与共结亲，积年家业为之破尽。众奴皆惭，问他所欲，他曰：欲得卿曹拜耳。奴被恩久，皆许诺。时宾客求见让者，门下车常数百乘，或累日不得通。他最后到，众奴伺其至，皆迎车而拜，径将他车独入。众人悉惊，谓他与让善，争以珍物遗他。他得之，尽以赂让，让大喜。他又以蒲桃酒一斛遗让，即拜凉州刺史。

说明：汉代的一斛为十斗，一斗为十升，一升为现在的200毫升，故一斛葡萄酒就是20升。这就是说，孟他拿20升葡萄酒换得凉州刺史之职！可见当时葡萄酒身价之高。

六、《晋书》

《晋书》所见"葡萄"记载

1.《晋书·卷五十五·列传·第二十五》

爰定我居，筑室穿池，长杨映沼，芳枳树樆，游鳞澹瀁，菡萏敷披，竹木蓊蔼，灵果参差。张公大谷之梨，梁侯乌椑之柿，周文弱枝之枣，房陵朱仲之李，靡不毕植。三桃表樱胡之别，二柰耀丹白之色，石榴蒲桃之珍，磊落蔓延乎其侧。梅杏郁棣之属，繁荣藻丽之饰，华实照烂，言所不能极也。菜则葱韭蒜芋，青笋紫姜，堇荠甘旨，蓼荽芬芳，蘘荷依阴，时藿向阳，绿葵含露，白薤负霜。

2.《晋书·卷一百二十二·载记·第二十二》

又进攻龟兹城，夜梦金象飞越城外。光曰：此谓佛神去之，胡必亡矣。光攻城既急，帛纯乃倾国财宝请救狯胡。狯胡弟呐龙、侯将馗率骑二十余万，并引温宿、尉头等国王，合七十余万以救之。胡便弓马，善矛梨，铠如连锁，射不可入，以革索为羂，策马掷人，多有中者。众甚惮之。诸将咸欲每营结阵，案兵以距之。光曰：彼众我寡，营又相远，势分力散，非良策也。于是迁营相接阵，为勾锁之法，精骑为游军，弥缝其阙。战于城西，大败之，斩万余级，帛纯收其珍宝而走，王侯降者三十余国。光入其城，大飨将士，赋诗言志。见其宫室壮丽，命参军京兆段业著《龟兹宫赋》以讥之。胡人奢侈，厚于养生，家有蒲桃酒，或至千斛，经十年不败，士卒沦没酒藏者相继矣。诸国惮光威名，贡款属路，乃立帛纯弟震为王以安之。光抚宁西域，威恩甚著，桀黠胡王昔所未宾者，不远万里皆来归附，上汉所赐节传，光皆表而易之。

3.《晋书·卷四十三·列传·第十三》

史臣曰：若夫居官以洁其务，欲以启天下之方，事亲以终其身，将以劝天下之俗，非山公之具美，其孰能与于此者哉！自东京衰乱，吏曹湮灭，西园有三公之钱，蒲陶有一州之任，贪饕方驾，寺署斯满。时移三代，世历九王，拜谢私庭，此焉成俗。若乃余风稍殄，理或可言。委以铨综，则群情自抑；通乎鱼水，则专用生疑。将矫前失，归诸后正，惠绝臣名，恩驰天口，世称《山公启事》者，岂斯之谓欤！若卢子家之前代，何足算也。

4.《晋书·卷六十·列传·第三十》

圣皇御世，随时之宜。仓颉既生，书契是为。科斗鸟篆，类物象形。睿哲变通，意巧兹生。损之隶草，以崇简易。百官毕修，事业并丽。盖草书之为状也，婉若银钩，漂若惊鸾。舒翼未发，若举复安；虫蛇虬蟉，或往或还。类阿那以赢形，欻奋衅而桓桓。及其逸游盻向，乍正乍邪。骐骥暴怒逼其辔，海水宓隆扬其波。芝草蒲陶还相继，棠棣融融载其华。玄熊对踞于山岳，飞燕相追而差池。

5.《晋书·卷九十七·列传·第六十七》

大宛国去洛阳万三千三百五十里，南至大月氏，北接康居，大小七十余城。土宜稻麦，有蒲陶酒，多善马，马汗血。其人皆深目多须。其俗娶妇先以金同心指环为娉，又以三婢试之。不男者绝婚。奸淫有子，皆卑其母。与人马乘不调坠死者，马主出敛具。善市贾，争分铢之利，得中国金银，辄为器物，不用为币也。

康居国在大宛西北可二千里，与粟弋、伊列邻接。其王居苏薤城。风俗及人貌、衣服略同大宛。地和暖，饶桐柳蒲陶，多牛羊，出好马。泰始中，其王那鼻遣使上封事，并献善马。

七、《宋书》

《宋书》所见"葡萄"记载

《宋史·卷五十九·列传·第十九》

既开门，畅屏却人仗，出对孝伯，并进饷物。虏使云：貂裘与太尉，骆驼、骡与安北，蒲陶酒杂饮，叔侄共尝。秦又乞酒并甘橘。畅宣世祖问：致意魏主，知欲相见，常迟面写。但受命本朝，过蒙藩任，人臣无境外之交，恨不暂悉。且城守备防，边镇之常，但悦以使之，故劳而无怨耳。太尉、镇军得所送物，魏主意，知复须甘橘，今并付如别。太尉以北土寒乡，皮裤褶脱是所须，今致魏主。螺杯、杂粽，南土所珍，镇军今以相致。

八、《南齐书》

《南齐书》所见"葡萄"记载

《南齐书·卷十七·志·第九》

辇车，如犊车，竹蓬。厢外凿镂金薄，碧纱衣，织成苣，锦衣。厢里及仰"顶"隐膝后户，金涂镂面，玳瑁帖，金涂松精，登仙花纽，绿四缘，四望纱萌子，上下前后眉，镂鍱。辕枕长角龙，白牙兰，玳瑁金涂校饰。漆郭尘板在兰前，金银花兽矍天龙狮子镂面，榆花细指子摩尼炎，金龙虎。扶辕，银口带，龙板头。龙辕轭上，金凤皇铃璏银口带，星后梢，玳瑁帖，金涂香沓，银星花兽幔竿杖，金涂龙牵，纵横长笪，背花香柒兆床副。自辇以下，二宫御车，皆绿油幢，绛系络。御所乘，双栋。其公主则碧油幢云。《司马法》曰：夏后氏辇曰金车，殷曰胡奴车，周曰辎车，皆辇也。《汉书·叔孙通传》云：皇帝辇出房。成帝辇过后宫，此朝宴并用也。《舆服志》云：辇车具金银丹青采只雕画蒲陶之文，乘人以行。信阳侯阴就见井丹，左右人进辇，是为臣下亦得乘之。晋武帝给安平献王孚云母辇。晋中朝又有香衣辇，江左唯御所乘。

九、《梁书》

《梁书》所见"葡萄"记载

1.《梁书·卷五十四·列传·第四十八》

扶桑国者，齐永元元年，其国有沙门慧深来至荆州，说云：扶桑在大汉国东二万余里，地在中国之东，其土多扶桑木，故以为名。扶桑叶似桐，而初生如笋，国人食之，实如梨而赤，绩其皮为布以为衣，亦以为绵。作板屋，无城郭。有文字，以扶桑皮为纸。无兵甲，不攻战。其国法，有南北狱。若犯轻者入南狱，重罪者入北狱。有赦则赦南狱，不赦北狱。在北狱者，男女相配，生男八岁为奴，生女九岁为婢。犯罪之身，至死不出。贵人有罪，国乃大会，坐罪人于坑，对之宴饮，分诀若死别焉。以灰绕之，其一重则一身屏退，二重则及子孙，三重则及七世。名国王为乙祁；贵人第一者为大对卢，第二者为小对卢，第三者为纳咄沙。国王行有鼓角导从。其衣色随年改易，甲乙年青，丙丁年赤，戊己年黄，庚辛年白，壬癸年黑。有牛角甚长，以角载物，至胜二十斛。车有马车、牛车、鹿车。国人养鹿，如中国畜牛，以乳为酪。有桑梨，经年不坏。多蒲桃。其地无铁有铜，不贵金银。市无租估。

2.《梁书·卷五十四·列传·第四十八》

其地多水潦沙石，气温，宜稻、麦、蒲桃。有水出玉，名曰玉河。国人善铸铜器。其治曰西山城，有屋室市井。果蓏菜蔬与中国等。尤敬佛法。王所居室，加以朱画。王冠金帻，如今胡公帽；与妻并坐接客。国中妇人皆辫发，衣裳裤。其人恭，相见则跪，其跪则一膝至地。书则以木为笔札，以玉为印。国人得书，戴于首而后开札。魏文帝时，王山习献名马。天监九年，遣使献方物。十三年，又献波罗婆步鄣。十八年，又献琉璃罌。大同七年，又献外国刻玉佛。

十、《魏书》

《魏书》所见"葡萄"记载

1.《魏书·卷五十三·列传·第四十一》

既开门，畅屏人却仗，出受赐物。孝伯曰：诏以貂裘赐太尉，骆驼、骡、马赐安北，蒲萄酒及诸食味当相与同进。

2.《魏书·卷一百二·列传·第九十》

焉耆国，在车师南，都员渠城，白山南七十里，汉时旧国也。去代一万二百里。其王姓龙，名鸠尸卑那，即前凉张轨所讨龙熙之胤……气候寒，土田良沃，谷有稻、粟、菽、麦，畜有驼、马。养蚕不以为丝，唯弃绵纩。俗尚蒲萄酒，兼爱音乐。南去海十余里，有鱼盐蒲苇之饶。东去高昌九百里；西去龟兹九百里，皆沙碛；东南去瓜州二千二百里。

南天竺国，去代三万一千五百里。有伏丑城，周匝十里，城中出摩尼珠、珊瑚。城东三百里有拔赖城，城中出黄金、白真檀、石蜜、蒲萄。土宜五谷。世宗时，其国王婆罗化遣使献骏马、金、银，自此每使朝贡。

拔豆国，去代五万一千里。东至多勿当国，西至旃那国，中间相去七百五十里；南至罽陵伽国，北至弗那伏且国，中间相去九百里。国中出金、银、杂宝、白象、水牛、牦牛、蒲萄、五果。土宜五谷。

康国者，康居之后也。迁徙无常，不恒故地，自汉以来，相承不绝。其王本姓温，月氏人也。旧居祁连山北昭武城，因被匈奴所破，西逾葱岭，遂有其国。枝庶各分王，故康国左右诸国，并以昭武为姓，示不忘本也……气候温，宜五谷，勤修园蔬，树木滋茂。出马、驼、驴、犎牛、黄金、硇沙、赈香、阿薛那香、瑟瑟、獐皮、氍毹、锦、叠。多蒲萄酒，富家或致千石，连年不败。太延中，始遣使贡方物，后遂绝焉。

十一、《北齐书》

《北齐书》所见"葡萄"记载

《北齐书·卷二十二·列传·第十四》

元忠虽居要任，初不以物务干怀，唯以声酒自娱，大率常醉，家事大小，了不关心。园庭之内，罗种果药，亲朋寻诣，必留连宴赏。每挟弹携壶，敖游里闬，遇会饮酌，萧然自得。常布言于执事云：年渐迟暮，志力已衰，久忝名官，以妨贤路。若朝廷厚恩，未便放弃者，乞在闲冗，以养余年。武定元年，除东徐州刺史，固辞不拜。乃除骠骑大将军，仪同三司。曾贡世宗蒲桃一盘。世宗报以百练缣，遗其书曰：仪同位亚台铉，识怀贞素，出藩入侍，备经要重。而犹家无担石，室若悬磬，岂轻财重义，奉时爱己故也。久相嘉尚，嗟咏无极，恒思标赏，有意无由。忽辱蒲桃，良深佩带。聊用绢百匹，以酬清德也。其见重如此。

十二、《周书》

《周书》所见"葡萄"记载

《周书·卷五十·列传·第四十二》

焉耆国，在白山之南七十里，东去长安五千八百里。其王姓龙，即前凉张轨所封龙熙之胤。所治城方二里。部内凡有九城。国小民贫，无纲纪法令。兵有弓、刀、甲、槊。婚姻略同华夏。死亡者皆焚而后葬，其服制满七日则除之。丈夫并剪发以为首饰。文字与婆罗门同。俗事天神，并崇信佛法。尤重二月八日、四月八日。是日也，其国咸依释教，斋戒行道焉。气候寒，土田良沃。谷有稻、粟、菽、麦。畜有驼、马、牛、羊。养蚕不以为丝，唯充绵纩。俗尚蒲桃酒，兼爱音乐。南去海十余里，有鱼、盐、莆、苇之饶。保定四年，其王遣使献名马。

十三、《隋书》

《隋书》所见"葡萄"记载

《隋书·卷八十三·列传·第四十八》

其都城周回一千八百四十步，于坐室画鲁哀公问政于孔子之像。国内有城十八。官有令尹一人，次公二人，次左右卫，次八长史，次五将军，次八司马，次侍郎、校郎、主簿、从事、省事。大事决之于王，小事长子及公评断，不立文记。男子胡服，妇人裙襦，头上作髻。其风俗政令与华夏略同。地多石碛，气候温暖，谷麦再熟，宜蚕，多五果。有草名为羊刺，其上生蜜，而味甚佳。出赤盐如朱，白盐如玉。多蒲陶酒。

十四、《南史》

《南史》所见"葡萄"记载

《南史·卷七十九·列传·第六十九》

扶桑国者，齐永元元年，其国有沙门慧深来至荆州，说云：扶桑在大汉国东二万余里，地在中国之东。其土多扶桑木，故以为名。扶桑叶似桐，而初生如笋，国人食之。实如梨而赤，绩其皮为布，以为衣，亦以为锦。作板屋，无城郭。有文字，以扶桑皮为纸。无兵甲，不攻战……有赤梨，经年不坏。多蒲桃。其地无铁有铜，不贵金银。市无租估。

十五、《北史》

《北史》所见"葡萄"记载

1.《北史·卷三十三·列传·第二十一》

元忠虽处要任，初不以物务干怀，唯以声酒自娱，大率常醉。家事大小，了不关心。园庭罗种果药，亲朋寻诣，必留连宴赏。每挟弹携壶，游遨里闾。每言宁无食，不可使我无酒；阮步兵吾师也，孔少府岂欺我哉。后自中书令复求为太常卿，以其有音乐而多美酒故。神武欲用为仆射，文襄言其放达常醉，不可委以台阁。其子搔闻之，请节酒。元忠曰：我言作仆射不胜饮酒乐；尔爱仆射时，宜勿饮酒。每言于执事，云年渐迟暮，乞在闲冗，以养余年，乃除骠骑大将军，仪同三司。曾贡文襄王蒲桃一盘，文襄报以百缣，其见赏重如此。

2.《北史·卷九十七·列传第八十五·西域》

国有八城，皆有华人。地多石碛，气候温暖，厥土良沃，谷麦一岁再熟，宜蚕，多五果，又饶漆。有草名羊刺，其上生蜜。而味甚佳。引水溉田。出赤盐，其味甚美，复有白盐，其形如玉，高昌人取以为枕，贡之中国。多蒲桃酒。俗事天神，兼信佛法。国中羊、马，牧在隐僻处以避寇，非贵人不知其处。北有赤石山，山北七十里有贪汗山，夏有积雪。此山北，铁勒界也。

焉耆国，在车师南，都员渠城，白山南七十里，汉时旧国也，去代一万二百里……俗尚蒲桃酒，兼爱音乐。南去海十余里，有鱼、盐、蒲、苇之饶。东去高昌九百里，西去龟兹九百里，皆沙碛。东南去瓜州二千二百里。

副货国，去代一万七千里。东至阿富使且国，西至没谁国，中间相去一千里；南有连山，不知名，北至奇沙国，相去一千五百里。国中有副货城，周匝七十里。宜五谷、蒲桃，唯有马、驼、骡。国王有黄金殿，殿下有金驼七头，各高三尺。其王遣使朝贡。

拔豆国，去代五万一千里。东至多勿当国，西至旃那国，中间相去七百五十里；南至罽陵伽国，北至弗那伏且国，中间相去九百里。国中出金、银、杂宝、白象、水牛、牦牛、蒲桃、五果，土宜五谷。

康国者，康居之后也，迁徙无常，不恒故地，自汉以来，相承不绝。其王本姓温，月氏人也，旧居祁连山北昭武城，因被匈奴所破，西逾葱岭，遂有国。枝庶各分王，故康国左右诸国并以昭武为姓，示不忘本也……多蒲桃酒，富家或致千石，连年不败。

十六、《旧唐书》

《旧唐书》所见"葡萄"记载

1.《旧唐书·列传·第三》

设官分职，贵在铨衡；察狱问刑，无闻贩鬻。而钱神起论，铜臭为公，梁冀受黄金之蛇，孟佗荐蒲萄之酒。

2.《旧唐书·列传·第十一》

陈叔达，字子聪，陈宣帝第十六子也。善容止，颇有才学，在陈封义阳王……五年，进封江国公。尝赐食于御前，得蒲萄，执而不食。高祖问其故，对曰：臣母患口干，求之不能致，欲归以遗母。

3.《旧唐书·列传·第三十》

臣闻古者哲后，必先事华夏而后夷狄，务广德化，不事遐荒。是以周宣薄伐，至境而止；始皇远塞，中国分离。汉武负文、景之聚财，玩士马之余力，始通西域，初置校尉。军旅连出，将三十年。复得天马于宛城，采蒲萄于安息。

4.《旧唐书·列传·第一百四十八》

高昌者，汉车师前王之庭，后汉戊己校尉之故地，在京师西四千三百里。其国有二十一城，王都高昌，其交河城，前王庭也；田地城，校尉城也。胜兵且万人。厥土良沃，谷麦岁再熟，有蒲萄酒，宜五果，有草名白叠，国人采其花，织以为布。有文字，知书计，所置官亦采中国之号焉。

龟兹国，即汉西域旧地也。在京师西七千五百里。其王姓白氏。有城郭屋宇，耕田畜牧为业。男女皆剪发，垂与项齐，唯王不剪发。学胡书及婆罗门书、算计之事，尤重佛法。其王以锦蒙项，着锦袍金宝带，坐金狮子床。有良马、封牛。饶蒲萄酒，富室至数百石。

十七、《新唐书》

《新唐书》所见"葡萄"记载

1.《新唐书·卷三十九·志·第二十九》

太原府太原郡，本并州，开元十一年为府。土贡：铜镜、铁镜、马鞍、梨、蒲萄酒及煎玉粉屑、龙骨、柏实仁、黄石钑、甘草、人参、矾石、礜石。

2.《新唐书·卷四十·志第三十》

西州交河郡，中都督府。贞观十四年平高昌，以其地置。开元中曰金山都督府。天宝元年为郡。土贡：丝、芘布、毡、刺蜜、蒲萄五物酒浆煎皴干。户万九千一十六，口四万九千四百七十六，县五，有天山军，开元二年置。自州西南有南平、安昌两城，百二十里至天山西南入谷，经礌石碛，二百二十里至银山碛；又四十里至焉耆界吕光馆；又经盘石百里，有张三城守捉；又西南百四十五里经新城馆，渡淡河，至焉耆镇城。前庭，下。本高昌，宝应元年更名。柳中，下。交河，中下。自县北八十里有龙泉馆，又北入谷百三十里，经柳谷，渡金沙岭，百六十里，经石会汉戍，至北庭都护府城。蒲昌，中。本隶庭州，后来属。西有古屯城、弩支城，有石城镇、播仙镇。

3.《新唐书·卷一百·列传·第二十五》

叔达明辩，善为容，每占奏，缙绅属目。江左士客长安，或泪滞，多荐诸朝。尝赐食，得蒲萄，不举，帝问之，对曰：臣母病渴，求不能致，愿归奉之。帝流涕曰：卿有母遗乎？因赐之，又赉物百段。

4.《新唐书·卷二百二·列传·第一百二十七》

初，中宗景龙二年，始于修文馆置大学士四员、学士八员，直学士十二员，象四时、八节、十二月……凡天子飨会游豫，唯宰相及学士得从。春幸梨园，并渭水祓除，则赐细柳圈辟疠；夏宴蒲萄园，赐朱樱；秋登慈恩浮图，献菊花酒称寿；冬幸新丰，历白鹿观，上骊山，赐浴汤池，给香粉兰泽，从行给翔麟马，品官黄衣各一。帝有所感即赋诗，学士皆属和。当时人所歆慕，然皆狎猥佻佞，忘君臣礼法，惟以文华取幸。若韦元旦、刘允济、沈佺期、宋之问、阎朝隐等无它称，附篇左云。

十八、《旧五代史》

《旧五代史》所见"葡萄"记载

《旧五代史·后周·太祖纪一》

朕以渺末之身，托于王公之上，惧德弗类，抚躬靡遑，岂可化未及人而过自奉养，道未方古而不知节量。与其耗费以劳人，曷若俭约而克己。昨者所颁赦令，已述至怀。宫闱服御之所须，悉从减损；珍巧纤奇之厥贡，并使寝停。尚有未该，再宜条举。应天下州府旧贡滋味食馔之物，所宜除减……同州石鏊饼，晋、绛葡萄、黄消梨，陕府凤栖梨，襄州紫姜、新笋、橘子，安州折粳米、糟味，青州水梨，河阳诸杂果子，许州御李子，郑州新笋、鹅梨，怀州寒食杏仁，申州袭荷，亳州草薜，沿淮州郡淮白鱼，如闻此等之物，虽皆出于土产，亦有取于民家，未免劳烦，率皆糜费。加之力役负荷，驰驱道途，积于有司之中，甚为无用之物，今后并不须进奉。诸州府更有旧例所进食味，其未该者，宜奏取进止。

十九、《新五代史》

《新五代史》所见"葡萄"记载

《新五代史·附录·四夷附录第三》

《居诲记》曰：自灵州过黄河，行三十里，始涉沙入党项界，曰细腰沙、神点沙……又行二日至安军州，遂至于阗。圣天衣冠如中国，其殿皆东向，曰金册殿，有楼曰七凤楼。以蒲桃为酒，又有紫酒、青酒，不知其所酿，而味尤美。其食，粳沃以蜜，粟沃以酪。其衣布帛。有园圃花木。俗喜鬼神而好佛。圣天居处，尝以紫衣僧五十人列侍，其年号同庆二十九年。其国东南曰银州、卢州、湄州，其南千三百里曰玉州，云汉张骞所穷河源出于阗，而山多玉者此山也。其河源所出，至于阗分为三：东曰白玉河，西曰绿玉河，又西曰乌玉河。三河皆有玉而色异，每岁秋水涸，国王捞玉于河，然后国人得捞玉。

第二节
宋元明清时期

一、《宋史》

《宋史》所见"葡萄"记载

1.《宋史·本纪·卷十六》

种谔遣曲珍等领兵通黑水安定堡，路遇夏人，与战，破之，斩获甚众。癸酉，复韦州。乙亥，李宪败夏人于屈吴山。丁丑，曲珍与夏人战于蒲桃山，败之。戊寅，种谔入夏州。诏诸将存抚降人。辛巳，史馆修撰曾巩乞收采名臣高士事迹遗文，诏从之。泾原节制王中正入宥州。

2.《宋史·列传·卷十二》

可适未冠有勇，驰射不习而能。鄜延郭逵见之，叹曰："真将种也。"荐试廷中，补殿侍，隶延州。从种谔出塞，遇敌马以少年易之，可适索与斗，斩其首，取马而还，益知名，米脂之役，与夏人战三角岭，得级多，又败之于蒲桃谷东。兵久不得食，千人成聚，籍籍于军门，或欲掩杀以为功，可适曰："此以饥而逃耳，非叛也。"单马出诘之曰："尔辈何至是，不为父母妻子念而甘心为异域鬼耶？"皆回面声喏，流涕谢再生，各遣归。

二、《辽史》

《辽史》所见"葡萄"记载

1.《辽史·本纪·卷六》

二年春正月戊午朔，南唐遣使奉蜡丸书，及进犀兕甲万属……庚辰，敌烈部来贡。冬十月甲申朔，汉遣使进葡萄酒。甲午，司徒老古等献白雉。戊申，回鹘及辖戛斯皆遣使来贡。十一月癸丑朔，视朝。己巳，地震。己卯，日南至，始用旧制行拜日礼。朔州民进黑兔。十二月癸未朔，高模翰及汉兵围晋州。辛卯，以生日，饭僧，释系囚。甲辰，猎于近郊。祀天地。辛亥，明王安端薨。

2.《辽史·本纪·卷九》

八月，汉遣使进葡萄酒。冬十月甲子，耶律沙以党项降酋可丑、买友来见，赐诏抚谕。丁卯，以可丑为司徒，买友为太保，各赐物遣之。壬申，女直遣使来贡。乙酉，汉复遣使以宋事来告。十一月丁亥朔，司天奏日当食不亏。戊戌，吐谷浑叛入太原者四百余户，索而还之。癸卯，祠木叶山。乙巳，遣太保迭烈割等使宋。乙卯，汉复遣使以宋事来告。十二月戊辰，猎于近郊，以所获祭天。

三、《元史》

《元史》所见"葡萄"记载

1.《元史·志第二十六》

六曰晨祼。祀日丑前五刻，太常卿、光禄卿、太庙令率其属设烛于神位，遂同三献官、司徒、大礼使等每室一人，分设御香酒醴，以金玉爵斝，酌马湩、葡萄尚酝酒奠于神案。

2.《元史·志第二十五》

凡大祭祀，尤贵马湩。将有事，敕太仆寺挏马官，奉尚饮者革囊盛送焉。其马牲既与三牲同登于俎，而割奠之馔，复与笾豆俱设。将奠牲盘酹马湩，则蒙古太祝升诣第一座，呼帝后神讳，以致祭年月日数、牲齐品物，致其祝语。以次诣列室，皆如之。礼毕，则以割奠之余，撒于南棂星门外，名曰抛撒茶饭……大乐署长言：割奠之礼，宜别撰乐章。博士议曰：三献之礼，实依古制。若割肉、奠葡萄酒、马湩，别撰乐章，是又成一献也。

牲齐庶品：大祀，马一，用色纯者，有副；牛一，其角握，其色赤，有副；羊，其色白；豕，其色黑；鹿。凡马、牛、羊、豕、鹿牲体，每室七盘，单室五盘……天鹅、野马、塔剌不花（其状如獾）、野鸡、鸽、黄羊、胡寨儿（其状如鸠）、湩乳、葡萄酒，以国礼割奠，皆列室用之。

3.《元史·列传第四十二》

戊午岁，帝亲征，次汉中，德臣朝行在所。初，诸路军成都，猝为宋人所围，德臣遣将赴之，约曰：先破敌者，奏领此城。围遂解。诏候江南事定，如约以城与之。帝幸益昌，驻北山，谓德臣曰：来者言汝立利州之功，今见汝身甚小，而胆甚大，不知敌曾薄汝城否？德臣对曰：赖陛下洪福，未尝一来。帝曰：彼惮卿威名耳。赐金带，且俾立石纪功。嘉陵、白水交会，势汹急，帝问：船几何可济？德臣曰：大军百万，非可淹延，当别为方略。即命系舟为梁，一夕而成，如履坦途。帝顾谓诸王曰：汪德臣言不虚发。赐白金三十斤，仍命刻石纪功。苦竹既逆命，至是攻之，岩壁峭绝，或请建天桥，帝以问德臣，曰：臣知先登陷阵而已，建桥非所知也。既而桥果无功。乃率将士鱼贯而进，帝望见，叹曰：人言其胆勇，岂虚誉邪！宋将赵仲武纳款，而杨礼犹拒战，奋击，尽杀之。德臣微疾，帝劳之曰：汝疾皆为我家。饮以葡萄酒，解玉带赐之，曰：饮我酒，服我带，疾其有疗乎！德臣泣谢。

四、《明史》

《明史》所见"葡萄"记载

1.《明史·列传第二百十四》

其国居西海之极。自东南诸蛮邦及大西洋商舶、西域贾人，皆来贸易，故宝物填溢。气候有寒暑，春发葩，秋陨叶，有霜无雪，多露少雨。土瘠，谷麦寡，然他方转输者多，故价殊贱。民富俗厚，或遭祸致贫，众皆遗以钱帛，共振助之。人多白晰丰伟，妇女出则以纱蔽面，市列廛肆，百物具备。惟禁酒，犯者罪至死。医卜、技艺，皆类中华。交易用银钱。书用回回字。王及臣下皆遵回教，婚丧悉用其礼。日斋戒沐浴，虔拜者五。地多碱，不产草木，牛羊马驼皆啖鱼腊。垒石为屋，有三四层者，寝处庖厨及待客之所，咸在其上。饶蔬果，有核桃、把聃、松子、石榴、葡萄、花红、万年枣之属。境内有大山，四面异色。一红盐石，凿以为器，盛食物不加盐，而味自和；一白土，可涂垣壁；一赤土、一黄土，皆适于用。所贡有狮子、麒麟、驼鸡、福禄、灵羊；常贡则大珠、宝石之类。

2.《明史·列传第二百十七》

柳城，一名鲁陈，又名柳陈城，即后汉柳中地，西域长史所治。唐置柳中县。西去火州七十里，东去哈密千里。经一大川，道旁多骸骨，相传有鬼魅，行旅早暮失侣多迷死。出大川，渡流沙，在火山下，有城屹然广二三里，即柳城也。四面皆田园，流不环绕，树木阴翳。土宜穄麦豆麻，有桃李枣瓜胡芦之属。而葡萄最多，小而甘，无核，名锁子葡萄。畜有牛羊马驼。节候常和。土人纯朴，男子椎结，妇人蒙皂布，其语音类畏兀儿。

3.《明史·列传第二百二十》

其国在西域最强大。王所居城，方十余里。垒石为屋，平方若高台，不用梁柱瓦甍，中敞，虚空数十间……土沃饶，节候多暖少雨。土产白盐、铜铁、金银、琉璃、珊瑚、琥珀、珠翠之属。多育蚕，善为纨绮。木有桑、榆、柳、槐、松、桧，果有桃、杏、李、梨、葡萄、石榴，谷有粟、麦、麻、菽，兽有狮、豹、马、驼、牛、羊、鸡、犬。狮生于阿术河芦林中，初生目闭，七日始开。土人于目闭时取之，调习其性，稍长则不可驯矣。其旁近俺都淮、八答黑商，并隶其国。

五、《钦定皇舆西域图志》

（一）《钦定皇舆西域图志》简介

《钦定皇舆西域图志》是一部地方志书，系清人傅恒等纂，英廉等增纂。该书通常还被写作《皇舆西域图志》。该书的编写工作始于清乾隆二十一年（1756年），于乾隆二十七年（1762年）完成初稿，至乾隆四十七年（1782年）增定为48卷。该书字数约60万字，内容包括对当时新疆全部区域及今甘肃嘉峪关以西的州、县进行实地调查所得的资料，涉及新疆的山川地形地貌，各城方位、历史变革，地方上层封赏安置情况，各族风土人情及清朝初期的政治、军事、经济状况，同时对周边各国情况也有简要记载，具有较高的史料价值。值得一提的是，《钦定皇舆西域图志》是关于西域的第一部方志，全书内容丰富，涉及政治、经济、军事、边防、民族、文化、风俗、物产、外事、地理、地貌等诸多方面，是研究清代前期新疆历史文化的重要参考资料。

（二）《钦定皇舆西域图志》所见"葡萄"记载

《钦定皇舆西域图志·卷四十三》

回部：百谷草木之属。

回部土地，肥瘠不一，五谷之种，大抵稻米为少，名固伦特；余如黍，名塔哩克稷，名克资勒库纳克；高粱，名图布喇巴什库纳克；麦，名布赫岱；青稞，名阿尔帕。无所不有，豆有豌豆，名阿克普尔察克；扁豆，名罗布雅；小豆，名纳呼图；绿豆，名玛实；麻，名琨珠特。有黑、白、黄三种瓜，名喀衮。西瓜，名塔尔布斯，大者，重四五十斤。甜瓜，名塔特里克喀衮，小而脆。茄，名帕廷。干瓠，名阿实喀巴克。红萝卜，名则尔达克。白萝卜，名察木古尔。菜，名格咱克有。野葱，名辟雅资。黄芽韭，名库尔德。秦椒，名塔里玛穆尔鲁楚。胡椒，名木尔楚。姜，名赞济必勒。树之有果者，石榴，名阿纳尔。苹果，名阿勒玛。木瓜，名必喜。梨，名那什巴第。樱桃，名哲讷斯台。杏，名额鲁克。柿，名阿拉瓦莫济特。核桃，名扬阿克。李子，名爱纳鲁。蒲萄，长者名扎伊尔必；圆者，名裕租木别；有绿色者，味倍甘，无核，截条栽地而生，布哈尔部种也，名奇石蜜。食桃，名密惕萨沙布托里。枣，名奇兰其。桑椹，实大而味厚，名裕珠玛，可佐粮储。无子者，名沙图特。无果之树，如榆，名喀喇雅阿特。槐，名图呼玛克。柳，名喀拉萨斡特。大叶杨，名喀喇特呼克。有小叶杨，枝附干直，上不旁出，最坚韧，名之曰苏斡巴达尔塔喇克。松，名喀楚喇。柏，名喀尔该。桐，名图呼喇克。花草之形，似内地者，如玫瑰，名古里苏鲁克。吉祥草，名讷尔格斯。小鸡冠，名塔吉和喇斯。大蜀葵，名拉列古勒。千日红，名古里雅苏曼。凤仙，名赫纳。向日葵，名阿卜塔卜帕喇斯。狗尾花，名喀摩楚古勒。

御制《奇石蜜食》

回语"绿蒲萄"之名也。凡蒲萄，皆有子，此独无子，截条植地而生，回中古亦无此种。云：数百年前，自布哈尔始得之，布哈尔，去叶尔羌西又数千里，前年，命取根移植禁苑，今成活结实，诗以纪事。

服食明垂贡旅葵，苑中初熟绿蒲萄。①

昔同目宿原有子，此便离支宁比高。②

《广志》徒传三种色，燕歌休诩一杯豪。③

奇石蜜食宾方物，慎德那辞干惕劳。④

枝叶蝉封献者同，碧琉璃颗独中空。

采条移植上林茂，结实颁餐造物功。

欲笑酸醅歌太白，直疑崖蜜咏坡翁。

本来无子根何托，鸡卵谁先辨岂穷。

书中注解：

①中国相传种来自西域，然皆有子者。

②魏文帝诏：南方龙眼、荔枝宁比西国蒲萄、石蜜乎？石蜜之音颇近回语，岂当时亦曾见此耶？

③《广志》云：蒲萄有黄、白、黑三种。

④奇石，读作平声。

第五章　诗词里的葡萄

第一节
诗词里的葡萄概述

"葡萄美酒夜光杯，欲饮琵琶马上催。醉卧沙场君莫笑，古来征战几人回。"提起葡萄，人们脑海里首先浮现的大概就是这首流传千古的绝句了。唐代王翰的这首《凉州词》写尽了战争的残酷与无奈，一边是"葡萄美酒夜光杯"的美好生活，一边是"古来征战几人回"的悲凉前景。人间再美好，还得赴战场，也许正是这种美好和残酷的鲜明对比，才使其成为千古名诗。葡萄，带着浓浓的异域风情从丝绸之路一路向东，在传播美味佳酿的同时，也生出许多诗情画意。古人虽也为生计奔波，但并不缺乏慢下来享受生活的时间。葡萄传入中原后，一方面，作为美味果品供人们食用；另一方面，葡萄架也成为纳凉和休闲的工具和场所，三五好友在一起，不免吟诗作赋、把酒作画。于是，中国历史上留下了许多关于葡萄的诗词和绘画作品。

中国历史上流传下来的以葡萄和葡萄酒及葡萄架为题材的诗作很多，其中既有民间流行的佳作，又有庙堂之上的名家作品。如《诗经·七月》中有"六月食郁及薁，七月亨葵及菽"。这里的薁指蘡薁，就是一种野葡萄。唐代文豪刘禹锡留下了描写葡萄的名句，《葡萄歌》言："野田生葡萄，缠绕一枝高。"唐代诗仙李白更是留下了多首与葡萄相关的诗句，如《客中行》曰："兰陵美酒郁金香，玉碗盛来琥珀光。但使主人能醉客，不知何处是他乡。"《对酒》曰："蒲萄酒，金叵罗，吴姬十五细马驮。青黛画眉红锦靴，道字不正娇唱歌。玳瑁筵中怀里醉，芙蓉帐底奈君何。"李白一生以诗酒为伴，充满浓浓异域风情的葡萄酒更是李白的钟情之物，其留下诸多葡萄酒的相关诗词也是常理。宋代大文豪亦有关于葡萄的佳作，苏轼和陆游都有多篇描写葡萄的诗作，如苏轼《谢张太原送蒲桃》言："冷官门户日萧条，亲旧音书半寂寥。惟有太原张县令，年年专遣送蒲桃。"陆游《夜寒与客烧干柴取暖戏作》言："槁竹干薪隔岁求，正虞雪夜客相投。如倾潋潋蒲萄酒，似拥重重貂鼠裘。一睡策勋殊可喜，千金论价恐难酬。他时铁马榆关外，忆此犹当笑不休。"

元明清时期，葡萄已在中原大量种植，中原人也普遍掌握了葡萄酒的酿造技术，葡萄已经成为人们日常生活中不可或缺的一种食物，诗作和书画作品中出现了大量葡萄相关作品。如元代丁鹤年《题画葡萄（故人毛楚哲作）》言："西域葡萄事已非，故人挥洒出天机。碧云凉冷骊龙睡，拾得遗珠月下归。"明代文坛领袖王世贞有多篇葡萄诗文流传下来，《赠别于鳞还邢州·其三》言："葡萄美酒玉壶寒，写向离筵泪并残。纵有隋珠高月色，不知中夜向谁看。"明代徐渭画了多幅葡萄图并题诗，其《题葡萄图》言："半生落魄已成翁，独立书斋啸晚风。笔底明珠无处卖，闲抛闲掷野藤中。"值得一提的是，清代名臣林则徐也有关于葡萄的诗作问世，《子茂薄君自兰泉送余至凉州且赋七律四章赠行次韵奉答·其三》言："银汉冰轮挂碧虚，清光共挹广寒居。玉门杨柳听羌笛，金碗葡萄漾曲车。临贺杨凭休累客，惠州昙秀许传书。羁怀却比秋云淡，天外无心任卷舒。"

时至今日，葡萄和葡萄酒都已成为大众喜闻乐见的果品和佳酿，人们早已不再关注葡萄的来源，只是在古人留下的诗词中，依稀可见那份若隐若现的异域风情，从丝绸之路上一路东来的葡萄已经完成其本土化的过程，飞入寻常百姓家。

第 二 节
诗词里的葡萄详述

一、西周至春秋

1.《诗经·七月》

《诗经·七月》言："六月食郁及薁，七月亨葵及菽。"这里的薁指蘡薁，就是一种野葡萄。

2.《诗经·王风》

《诗经·王风》言："绵绵葛藟，在河之浒。"这种叫葛藟的植物，也是一种葡萄科植物。

二、魏晋南北朝

1. 陆机《饮酒乐·蒲萄四时芳醇》

蒲萄四时芳醇，琉璃千钟旧宾。

夜饮舞迟销烛，朝醒弦促催人。

2. 庾信《燕歌行》

代北云气昼昏昏，千里飞蓬无复根。

寒雁嗈嗈渡辽水，桑叶纷纷落蓟门。

晋阳山头无箭竹，疏勒城中乏水源。

属国征戍久离居，阳关音信绝能疏。

原得鲁连飞一箭，持寄思归燕将书。

渡辽本自有将军，寒风萧萧生水纹。

妾惊甘泉足烽火，君讶渔阳少阵云。

自从将军出细柳，荡子空床难独守。

盘龙明镜饷秦嘉，辟恶生香寄韩寿。

春分燕来能几日，二月蚕眠不复久。

洛阳游丝百丈连，黄河春冰千片穿。

桃花颜色好如马，榆荚新开巧似钱。

蒲桃一杯千日醉，无事九转学神仙。

定取金丹作几服，能令华表得千年。

三、唐代

1. 王翰《凉州词二首·其一》

葡萄美酒夜光杯，欲饮琵琶马上催。

醉卧沙场君莫笑，古来征战几人回。

2. 王翰《葡萄酒》

揉碎含霜黑水晶，春波滟滟暖霞生。

甘浆细挹红泉溜，浅沫轻浮绛雪明。

金剪玉钩新制法，紫驼银瓮旧豪名。

客愁万斛可消遣，一斗凉州换未平。

3. 王绩《过酒家·竹叶连糟翠》

竹叶连糟翠，蒲萄带曲红。

相逢不令尽，别后为谁空。

4. 唐彦谦《葡萄》

金谷风露凉，绿珠醉初醒。

珠帐夜不收，月明堕清影。

5. 唐彦谦《咏葡萄》

西园晚霁浮嫩凉，开尊漫摘葡萄尝。

满架高撑紫络索，一枝斜罫金琅玕。

天风飕飕叶栩栩，蝴蝶声干作晴雨。

神蛟清夜蛰寒潭，万片湿云飞不起。

石家美人金谷游，罗帏翠幕珊瑚钩。

玉盘新荐入华屋，珠帐高悬夜不收。

胜游记得当年景，清气逼人毛骨冷。

笑呼明镜上遥天，醉倚银床弄秋影。

6. 李颀《古从军行》

白日登山望烽火，黄昏饮马傍交河。

行人刁斗风沙暗，公主琵琶幽怨多。

野云万里无城郭，雨雪纷纷连大漠。

胡雁哀鸣夜夜飞，胡儿眼泪双双落。

闻道玉门犹被遮，应将性命逐轻车。

年年战骨埋荒外，空见蒲桃入汉家。

7. 刘禹锡《葡萄歌》

野田生葡萄，缠绕一枝高。移来碧墀下，张王日日高。

分歧浩繁缛，修蔓蟠诘曲。扬翘向庭柯，意思如有属。

为之立长檠，布濩当轩绿。米液溉其根，理疏看渗漉。

繁葩组绶结，悬实珠玑蹙。马乳带轻霜，龙鳞曜初旭。

有客汾阴至，临堂瞪双目。自言我晋人，种此如种玉。

酿之成美酒，令人饮不足。为君持一斗，往取凉州牧。

8. 刘复《春游曲》

春风戏狭斜，相见莫愁家。细酌蒲桃酒，娇歌玉树花。

裁衫催白纻，迎客走朱车。不觉重城暮，争栖柳上鸦。

9. 李白《客中行》

兰陵美酒郁金香，玉碗盛来琥珀光。

但使主人能醉客，不知何处是他乡。

10. 李白《对酒》

蒲萄酒，金叵罗，吴姬十五细马驮。

青黛画眉红锦靴，道字不正娇唱歌。

玳瑁筵中怀里醉，芙蓉帐底奈君何。

11. 李白《襄阳歌》

落日欲没岘山西，倒著接䍦花下迷。

襄阳小儿齐拍手，拦街争唱《白铜鞮》。

旁人借问笑何事，笑杀山公醉似泥。

鸬鹚杓，鹦鹉杯。

百年三万六千日，一日须倾三百杯。

遥看汉水鸭头绿，恰似葡萄初酦醅。

此江若变作春酒，垒曲便筑糟丘台。

千金骏马换小妾，醉坐雕鞍歌《落梅》。

车旁侧挂一壶酒，凤笙龙管行相催。

咸阳市中叹黄犬，何如月下倾金罍？

君不见晋朝羊公一片石，龟头剥落生莓苔。

泪亦不能为之堕，心亦不能为之哀。

清风朗月不用一钱买，玉山自倒非人推。

舒州杓，力士铛，李白与尔同死生。

襄王云雨今安在？江水东流猿夜声。

12. 韩愈《燕河南府秀才得生字》

吾皇绍祖烈，天下再太平。诏下诸郡国，岁贡乡曲英。

元和五年冬，房公尹东京。功曹上言公，是月当登名。

乃选二十县，试官得鸿生。群儒负己材，相贺简择精。

怒起簸羽翮，引吭吐铿轰。此都自周公，文章继名声。

自非绝殊尤，难使耳目惊。今者遭震薄，不能出声鸣。

鄙夫忝县尹，愧栗难为情。惟求文章写，不敢妒与争。

还家敕妻儿，具此煎炰烹。柿红蒲萄紫，肴果相扶檠。

芳茶出蜀门，好酒浓且清。何能充欢燕，庶以露厥诚。

昨闻诏书下，权公作邦桢。文人得其职，文道当大行。

阴风搅短日，冷雨涩不晴。勉哉戒徒驭，家国迟子荣。

13. 白居易《寄献北都留守裴令公》（节选）

豹尾交牙戟，虯须捧佩刀。通天白犀带，照地紫麟袍。

羌管吹杨柳，燕姬酌蒲萄。银含嵌落盏，金屑琵琶槽。

四、宋代

1. 苏轼《谢张太原送蒲桃》

冷官门户日萧条，亲旧音书半寂寥。

惟有太原张县令，年年专遣送蒲桃。

2. 苏轼《满江红·寄鄂州朱使君寿昌》

江汉西来，高楼下，蒲萄深碧。犹自带、岷峨雪浪，锦江春色。君是南山遗爱守，我为剑外思归客。对此间、风物岂无情，殷勤说。

江表传，君休读。狂处士，真堪惜。空洲对鹦鹉，苇花萧瑟。不独笑书生争底事，曹公黄祖俱飘忽。愿使君、还赋谪仙诗，追黄鹤。

3. 陆游《夜寒与客烧干柴取暖戏作》

槁竹干薪隔岁求，正虞雪夜客相投。

如倾潋潋蒲萄酒，似拥重重貂鼠裘。

一睡策勋殊可喜，千金论价恐难酬。

他时铁马榆关外，忆此犹当笑不休。

4. 陆游《秋思·露浓压架葡萄熟》

露浓压架葡萄熟，日嫩登场罢亚香。

商略人生如意事，及身强健得还乡。

5. 杨万里《蒲桃干》

凉州博酒不胜痴。银汉乘槎领得归。

玉骨瘦将无一把，向来马乳太轻肥。

6. 张栻《谢邢少连送葡萄豆蔻栽·君家小圃占春光》

君家小圃占春光，眼看龙须百尺长。

移向楼边并寒井，明年垂实更阴凉。

7. 张栻《谢邢少连送葡萄豆蔻栽·留取园中数亩赊》

留取园中数亩赊，拟栽灵药谢纷华。

儿童今日知翁喜，移得君家豆蔻花。

8. 章甫《葡萄·磊落堆盘亦快哉》

磊落堆盘亦快哉，无人能寄一枝来。

平生不识凉州酒，汉水遥怜似泼醅。

9. 章甫《葡萄·马乳酸甜自旧知》

马乳酸甜自旧知，眼寒久不见生枝。

中原有路人难到，北客思乡泪欲垂。

10. 释子温《题葡萄图》

明月清风宗炳社，夕阳秋色庾公楼。

修心未到无心地，万种千般逐水流。

11. 释子温《题画葡萄》

曾向流沙取梵书，草龙珠帐满征途。

轻句短策难将带，记得西风月上初。

12. 孔武仲《葡萄》

万里殊方种，东随汉节归。露珠凝作骨，云粉渍为衣。

柔绿因风长，圆青带雨肥。金盘堆马乳，樽俎为增辉。

13. 郑刚中《王能甫作葡萄一枝于圆扇之上戏作小诗报之》

妙笔窥天顷刻成，浑如小架月初明。

扶疏老蔓敷新叶，下盖累累紫水晶。

14. 周密《题温日观葡萄》

百八牟尼颗，携将万里游。

归来还自笑，何不博凉州。

15. 宋无《如镜伐竹架过墙葡萄断竹插地复生枝叶地住序》

为引寒藤延晚翠，试栽碧玉动秋恨。

凤梢依旧生虚籁，龙择相将添远孙。

林月过庭窥断影，茶烟润色到啼痕。

汤休丽藻题还篇，具叶应多此处翻。

16. 无名氏《义试诗·葡萄月》

春藤上架翠成窝，颗颗圆光得月多。

疑是蕊珠开夕宴，结成珠帐待嫦娥。

17. 武衍《尝葡萄》

压架骈枝露颗圆，水精落落照晴轩。

微酸自是江南种，尚忍因渠说太原。

18. 辛弃疾《赋葡萄》

高架金茎照水寒，累累小摘便堆盘。

喜君不酿凉州酒，来救衰翁舌本干。

19. 陈普《赠叶洞春画葡萄》

引蔓牵藤寸管头，扶骊剔蚌出风流。

三千龙女抛珠佩，一个儒生拥碧油。

莫是前生封即墨，便堪作酒博青州。

齐奴倘会清妍意，免得红裙逐翠楼。

20. 贾似道《草三段二首·满头白粉紫葡萄》

满头白粉紫葡萄，并无纹理项青毛。

更兼淡薄轻银翅，三段之名亦似高。

21. 李复《依韵酬沈仍长官惠葡萄》

异果乘秋熟，分来道路长。缄封湘箧重，题咏刿藤光。

气蓄西河润，山围大谷凉。龙须初引水，马乳晚经霜。

衣薄轻铅粉，包圆小紫囊。膏腴凝绀液，甘酢溢云浆。

蔗沱含余润，醅浮带旧香。药经难仿佛，画笔漫形相。

泾洛宜秦土，汾岚利晋乡。鳞差分万叶，珠实缀千房。

楚瑞惭萍实，江奴笑橘黄。破醒生静爽，涤热慰新尝。

契阔初心在，提携远意将。茂陵遗客老，痟病证仙方。

22. 张宪《温日观葡萄》

银瓮悬紫驼，驿骑晓来急。

西风吹竹窗，一夜鲛人泣。

五、元代

1. 郑允端《葡萄》

满筐圆实骊珠滑，入口甘香冰玉寒。

若使文园知此味，露华应不乞金盘。

2. 张可久《春日二首》

芙蓉春帐，葡萄新酿，一声《金缕》槽前唱。锦生香，翠成行，醒来犹问春无恙，花边醉来能几场？妆，黄四娘。狂，白侍郎。

西湖沉醉，东风得意，玉骢骤响黄金辔。赏春归，看花四，宝香已暖鸳鸯被，萝绕绿窗初睡起。痴，人未知。噫，春去矣。

3. 张可久《酒边索赋》

舞低杨柳困佳人，醅泼葡萄醉晚春，词翻芍药分难韵。乐清闲物外身，生前且自醺醺。范蠡空遗像，刘伶谁上坟，衰草寒云。

4. 张可久《山中小隐》

裹白云纸袄，挂翠竹麻条，一壶村酒话渔樵。望蓬莱缥缈，涨葡萄青溪春水流仙棹，靠团标穿空岩夜雪迷丹灶，碎芭蕉小庭秋树响风涛。先生醉了。

5. 张可久《水晶斗杯》

小奴，捧出，照见纤纤玉，一方寒碧碾冰壶，印万斛葡萄绿。米老斟量，谪仙襟度，子不容范严父。醉余，唤取，萧宾客题诗去。

6. 张可久《次韵还京乐》

朝回天上紫宸班，笑倚云边白玉栏，醉飞柳外黄金弹，莺啼春又晚，绿云堆舞扇歌。蕉叶杯葡萄酿，桃花马柞木鞍，娇客长安。

7. 杜仁杰《集贤宾北·七夕》

团圞笑令心尽喜，食品愈稀奇。新摘的葡萄紫，旋剥的鸡头美，珍珠般嫩实。欢坐间，夜凉人静已，笑声接青霄内。风淅淅，雨霏霏，露湿了弓鞋底。纱笼罩仕女随，灯影下人扶起，尚留恋懒心回。

8. 杨载《题温日观葡萄》

老禅嗜酒醉不醒，强坐虚檐写清影。

兴来掷笔意茫然，落叶满庭秋月冷。

醉中捉笔两眼花，倚檐架子敧复斜。

翠藤盘屈那可辨，但见满纸生龙蛇。

9. 周权《葡萄酒》

翠虬天矫飞不去，颔下明珠脱寒露。

累累千斛昼夜春，列瓮满浸秋泉红。

数宵酝月清光转，浓腴芳髓蒸霞暖。

酒成快泻宫壶香，春风吹冻玻璃光。

甘逾瑞露浓欺乳，曲生风味难通谱。

纵教典却鹔鹴裘，不将一斗博凉州。

10. 邓文原《温日观葡萄》

满筐圆实骊珠滑，入口甘香冰玉寒。

若使文园知此味，露华应不乞金盘。

11. 大圭《题日观画葡萄》

短衣狂走至元僧，醉唾骊珠十斛冰。

定起山楼寒月上，一窗风影写秋藤。

12. 大圭《题温日观葡萄次韵》

龙扃失钥十二重，骊珠迸落鲛人宫。

镔刀剪断紫璎珞，累累马乳垂金风。

树根吹火照残墨，冷雨松棚秋鬼哭。

蔗丸嚼碎流沙冰，鸭酒呼来汉江绿。

铁削虬藤剑三尺，雷梭怒穴陶家壁。

昙胡醉起面秋岩，一索摩尼挂空壁。

13. 郝经《甲子岁后园秋色四首·其三·葡萄》（节选）

深院荒草长，短蔓裂砖缝。葡萄本西果，南国谁与种？

插芦为扶持，灌溉甚珍重。瘦骨紫节舒，龙头青线控。

蟠蟠上疏篱，茜茜将远纵。遭遇虽后时，取实望秋仲。

摘露添俎豆，庶间馆人供。谁知六月旱？卉木焦死众。

14. 曾遇《温日观葡萄》

我初不识温玉山，偶然邂逅湖山间。

戏写葡萄赠行色，呼酒酌别期荣还。

人言此僧性绝物，法书名画求不得。

一时青眼信有缘，乡物乡人尝宝惜。

淋漓醉墨蛟龙蟠，磊落圆珠星斗寒。

疏略之中自精绝，工与造化争毫端。

殷勤携上金台去，袖惹天香杂烟雾。

价轻不敢博凉州，但费玉堂评品句。

万里归来家四壁，沙鸥笑人空役役。

惟余翰墨烂生光，十年俯仰成陈迹。

15. 郭翼《行路难（七首）·赠君葡萄之芳醇》

赠君葡萄之芳醇，琼瑰玉佩之锵鸣。

昆吾鹿卢之宝剑，空桑龙门之瑟琴。

红颜晖晖不长盛，流光欺人忽西沉。

愿君和乐兮欣欣，听我长歌行路吟。

不见陆机华亭上，寥寥鹤唳讵可闻。

朝愁不能驱，暮愁不可处。

中区何狭隘，乘云汗漫瑶之圃。

爰从王母访井公，复约元君谒东父。

灵桃花开银露台，玉文枣熟青琳宇。

我愿于焉此中息，锡以遐年永终古。

16. 丁鹤年《画葡萄》

江海春雷动，群龙悉上天。

秋来风露冷，个个抱珠眠。

17. 丁鹤年《题画葡萄（故人毛楚哲作）》

西域葡萄事已非，故人挥洒出天机。

碧云凉冷骊龙睡，拾得遗珠月下归。

18. 郑元祐《温日观画葡萄二首·其一》

伊昔钱唐温日观，醉兀竹舆殊傲岸。

却将书法画葡萄，张颠草圣何零乱。

枝枝叶叶点画间，醉瞠白眼看青天。

狂呼大盗杨总统，天不汝诛吾厚颜。

杨加棰死曾不畏，故老言之泪尚潸。

画成葡萄谁赏识？惟有鲜于恒啧啧。

醉叩斋室支离疏，拊摩悲歌泪填臆。

鲜于设浴师浣之，为师涤垢曾弗辞。

人言结袜张廷尉，千载风流宁异兹？

蔓如龙须实马乳，问师挥毫奚独取？

只因汉使远持来，野老诗成泪如雨。

19. 郑元祐《温日观画葡萄二首·其二》

故宋狂僧温日观，醉凭竹舆称是汉。

以头濡墨写葡萄，叶叶枝枝自零乱。

陇酋时有连真珈，每欲邀师饮其家。

路逢其人辄大骂，欲泄愤怒宁辞挞？

鲜于爱师工字画，北面从师学波磔。

写出葡萄皆法书，二王楷范从师得。

困学斋前支离疏，师来或哭或歌呼。

醒涂醉抹不可测，其言皆足警懦夫。

先生弊庐耿家步，阿师旧日经行路。

月落山空唤不应，尚想秋棚湍白露。

20. 张梦应《题温日观墨葡萄图》

浓淡累累半幅披，却疑月架影参差。

凭君问取乘槎使，还似宛西旧折枝。

六、明代

1. 王世贞《赠别于鳞还邢州·其三》

葡萄美酒玉壶寒，写向离筵泪并残。

纵有隋珠高月色，不知中夜向谁看。

2. 王世贞《咏物体六十六首·其四十四·葡萄》

消渴秋风梦欲苏，珍苞真拟胜醍醐。

朝华露结房中液，夜色星完帐里珠。

西域酒香眠校尉，上林宫就舍单于。

君听魏帝当年诏，拟向甘泉借一株。

3. 王九思《画葡萄引》

汉武唯知贵异物，博望常劳使西域。

大夏康居产富饶，胡桐柽柳非奇特。

独取葡萄入汉宫，遂遣天王亲外国。

当时肉味厌侯王，今日霜根遍西北。

吾家十亩后园里，长条几架南山侧。

龙须时袅水风斜，马乳尽垂秋雨色。

故园一别惊风雨，画图相对思乡土。

青钱已办雇河舟，白首行看住草楼。

但愿千缸酿春酒，未须一斗博凉州。

4. 沈錬《古塞上曲七首·其四》

都护将军性气和，葡萄美酒奏弦歌。

折冲樽俎非无谓，遮莫沙村走骆驼。

5. 黎彭龄《四月南中词》

霸国江山选胜回，葡萄美酒索郎杯。

青衫危帽桥边立，欲市新鲈不肯来。

6. 杨荣《送太平知府姚政之任》（节选）

禁城漏彻天门开，红云捧日东方来。

仙跸声传六龙至，明堂朝罢千官回。

羡君卓荦多才智，此日荣看荷恩意。

手分铜虎任专城，袖带炉薰出丹陛。

赐来宝敕何煌煌，龙文五彩生辉光。

旗亭车马集冠盖，祖筵酒泛葡萄香。

湍湍凉露浥芳草，道上尘氛净如扫。

兰桡晓发潞河滨，回首云山隔琼岛。

7. 倪谦《题葡萄二首·其二》

鳞甲纷披照眼低，鼎湖去后更谁骑。

却疑刘累真能扰，夭矫长髯到地垂。

8. 倪谦《为江阴伍教谕题葡萄三首·其一》

满架延秋蔓，虬须拂面长。

草龙珠帐底，偏爱午阴凉。

9. 倪谦《为江阴伍教谕题葡萄三首·其二》

秋冷骊龙卧，高垂颔下珠。

紫驼银瓮里，遥想出天厨。

10. 倪谦《为江阴伍教谕题葡萄三首·其三》

玉露承金掌，湍湍下碧虚。

内园知此味，应赐马相如。

11. 张恒《凉州词》

垆头酒熟葡萄香，马足春深苜蓿长。

醉听古来横吹曲，雄心一片在西凉

12. 冯梦龙《童痴一弄·挂枝儿·情谈》

圆纠纠紫葡萄闻得恁俏，红晕晕香疤儿因甚烧？扑簌簌珠泪儿腮边吊。

青丝发，系你臂。汗巾儿，束你腰。密匝匝相思也，淡淡的丢开了。

13. 徐渭《题葡萄图》

半生落魄已成翁，独立书斋啸晚风。

笔底明珠无处卖，闲抛闲掷野藤中。

14. 徐渭《葡萄·其二》

数串明珠挂水清，醉来将墨写能成。当年何用相如壁，始换西秦十五城。

15. 徐渭《葡萄·其三》

自从初夏到今朝，百事无心总弃抛。

尚有旧时书秃笔，偶将蘸墨點葡萄。

16. 徐渭《葡萄·其四》

昨岁中秋月倍圆，海南母蚌太鼾眠。

明珠一夜无人管，迸向谁家壁上县。

17. 陈霆《蝶恋花·葡萄》

凉入秋风惊枕簟。一架藤萝，搅碎闲庭院。虬尾丝丝帘影乱，真珠拂地无人卷。

18. 胡奎《日观葡萄》

上人爱书怀素草，人言画好书亦好。

临池呼得墨龙归，万颗明珠落秋昊。

19. 胡奎《题葡萄画扇》

越中老僧禅定余，手撚百八摩尼珠。

撒向虚空供明月，夜半惊落银蟾蜍。

20. 李梦阳《葡萄》

万里西风过雁时，绿云玄玉影参差。

酒醒试取冰丸嚼，不说天南有荔枝。

21. 何景明《葡萄二首·其二》

汉家葡萄出西域，斗酒曾博凉州戍。

当日谁知使者劳，至今人种葡萄树。

22. 史谨《题墨葡萄》

谁写秋风月下枝，摩挲醉墨尚淋漓。

白头常侍心中事，只有凉州刺史知。

23. 陆居仁《题曾省元藏温日观葡萄后用温师韵》

黄金台壮帝王州，我亦曾为汗漫游。

不入凤池鹓鹭序，依然天地一沙鸥。

24. 夏言《大江东去·其五·再咏葡萄》

一种灵株，细摩挲，不似人间之物。偃蹇虬枝连密叶，风雨暗生墙壁。

的的悬珠，汇景如贯，颗颗凝霜雪。交梨火枣，品题未许称杰。

绝怜白玉盘行，黄金笼贮，瑶席清辉发。凉沁诗脾甘露爽，坐使襟尘消灭。

玉女盆头，仙人掌上，直欲披玄发。夜深苍海，骊龙吐出明月。

25. 夏言《大江东去·其七·答蒲汀馈水晶葡萄》

小坐秋轩，谢蒲翁，遗赠名园佳物。自启筥笼唤纤手，携置麟堂东壁。

碧水含晶，繁星焕彩，寒映冰盘雪。如珠似玉，果中应是魁杰。

总忆年时咏葡萄，一体新词三发。几对黄花烹紫蟹，久悟世间生灭。

汉阁丹青，商山杖屦，毕竟俱华发。清尊架底，且醉藤萝夜月。

26. 庄昶《题蒙泉葡萄卷》

古今万妙真无穷，飞走动植皆化工。

葡萄杨柳几千卉，尧夫老眼观物中。

蒙泉学士燕山杰，平生邵学王天悦。

白头一睹甘州英，老痒欲搔搔未得。

濡毫大叫扫不停，墨花一放三千城。

须臾万纸各飞动，累累总是皇极精。

相马无将九方处，不向骊黄论形似。

要知花柳过前川，闲弄程家真意思。

27. 刘璟《画葡萄·其一》

忽疑前夜风雨急，平陆乱走虬蛟龙。

枯藤老骨化不去，络索倒垂烟露空。

28. 冯琦《葡萄架》

一架扶疏碧水浔，午凉不散绿云深。

芳香未让醍醐美，秀色全滋薜荔阴。

紫玉含风秋液冷，玄珠入夜月华侵。

莫言西域传来晚，犹及相如赋上林。

29. 卢楠《画葡萄》

汉使寻源后，蒲萄满旧宫。如何尺素里，枝叶往时同。

滚露衔空碧，拖烟射小红。谁能贮万斛，远寄日华东。

30. 欧大任《存公送葡萄》

草龙珠子满盘秋，照水摩尼对白头。

莫笑先生看五熟，不将斗酒博凉州。

31. 王绂《写墨葡萄》

香墨浓翻研池汁，眼前零落秋云湿。

曾看月上海天高，水冷骊龙抱珠蛰。

何当酿得酒如川，日醉北窗高枕眠。

底羡凉州二千石，题诗日珠瀛洲仙。

七、清代

1. 吴伟业《葡萄》

百斛明珠富，清阴翠幕张。晓悬愁欲坠，露摘爱先尝。

色映金盘果，香流玉碗浆。不劳葱岭使，常得进君王。

2. 陈维崧《青玉案·夏日怀燕市葡萄》

风窗冰碗谁消暑。记百颗，堆盘处。掬罢盈盈娇欲语。轻明晶透，芳鲜圆绽，小摘西山雨。

长安万事俱尘土，惟有高情难忘汝，暗想风姿奚似许。爽疑燕筑，醇如刁酒，滑类华清乳。

3. 陈维崧《南乡子·咏吕仙堂葡萄》

谁放白毫光，万串晶球缀讲堂。仿佛诸天璎珞会，飘飖。珠母轻盈出海洋。

碧碗泻琼浆，何必金茎肺始凉。寄语蛮姬休浪哂，须尝。似否卿家十八娘。

4. 萧雄《葡萄》

苍藤蔓，架覆前檐，满缀明珠络索园。赛过荔枝三百颗，大宛风味汉家烟。

5. 张澍《凉州葡萄酒》

凉州美酒说葡萄，过客倾囊质宝刀。

不愿封侯县斗印，聊拼一醉卧亭皋。

6. 许荪荃《凉州紫葡萄》

闻说凉州种，遥从西域传。风条垂磊落，露颗斗匀圆。

琼玉应无色，离支足比肩。小臣空饱食，持献是何年？

7. 许荪荃《凉州》

十年画省尚书郎，荏苒霜华两鬓苍。

不断西风吹出塞，无边明月照思乡。

葡萄却醉凉州酒，藜烛虚摇汉阁光。

几对朔云心欲折，宾鸿千里日南翔。

8. 王作枢《过凉州》

白石黄沙古战场，边风吹冷旅人裳。

琵琶不唱凉州曲，且进葡萄酒一觞。

9. 林则徐《子茂薄君自兰泉送余至凉州且赋七律四章赠行次韵奉答·其三》

银汉冰轮挂碧虚，清光共挹广寒居。

玉门杨柳听羌笛，金碗葡萄漾曲车。

临贺杨凭休累客，惠州崇秀许传书。

羁怀却比秋云淡，天外无心任卷舒。

附 艺术珍品里的葡萄

丝绸之路是葡萄和葡萄酒传入中原的重要通道，随着葡萄栽植范围的扩大和葡萄酒酿造技术的提高，葡萄和葡萄酒的身影不断涌现于文学作品中，且葡萄纹饰也成为绘画和制作器具的常用素材，社会生活中也得以窥见葡萄文化。本章通过梳理葡萄相关绘画、手工艺作品，展示葡萄文化用品，展现葡萄在中原艺术作品和日常生活中的文化内涵。

古埃及时已经开始种植葡萄，葡萄纹也以岩彩壁画的形式得以流传。我们能从墓室的壁画中了解古埃及人民培育葡萄和酿造葡萄酒的过程。中国虽种植本土葡萄时间较早，但自西汉时期中原与西域建立联系以后，葡萄纹才逐渐流行。隋唐时期丝绸之路畅通，壁画艺术深受外来文化影响，葡萄纹的发展充分体现在壁画中。敦煌莫高窟第 407 窟（隋代）佛背光中画有葡萄卷藤纹，第 322 窟中出现了缠枝葡萄纹。除边饰外，葡萄也可作为主纹饰图案，如莫高窟第 209 窟中的葡萄石榴纹藻井，藻井中心以葡萄、石榴、树叶与缠枝交错构成，葡萄纹和石榴纹为主纹饰，葡萄叶为辅纹饰，呈"米"字形，排列有序。此外，莫高窟第 444 窟菩萨头光纹样外层为缠枝葡萄纹，中层与内层中可见莲花与石榴纹，画面富于变化，构图完整，观赏性极高。新疆地区盛产葡萄，吐鲁番阿斯塔那古墓群二区墓葬壁画中描绘了种植葡萄的场景。

第二节
水墨画

　　与壁画中极具异域风情的葡萄纹饰不同，水墨画中的葡萄则更为本土化。葡萄因其结果时成串多粒，被赋予了多子多孙的祥瑞含义。此外，葡萄因果实晶莹、藤蔓屈伸，以德全之姿与梅兰竹菊相提并论，成为宫廷与民间均喜闻乐见的传统题材。南宋末僧人温日观善草书，精画葡萄，在其《葡萄图》中，温日观将草书与葡萄画法融合，浓墨点染出葡萄的饱满晶莹，藤蔓缠枝则以草书笔法为之，大气磅礴，自成一家。葡萄在明清时期成为画作的重要题材。徐渭是水墨大写意画风的开创者，其《墨葡萄图》是明代写意花卉高水平的代表作。其为画作题诗云："半生落魄已成翁，独立书斋啸晚风。笔底明珠无处卖，闲抛闲掷野藤中。"王良臣笔下的葡萄水墨画，恣意潇洒。清代八大山人的水墨葡萄笔法流畅，用笔凝练，叶片与藤蔓交相呼应，果实颗粒饱满，较徐渭则多了写实质感。

第 三 节
手工艺品

一、陶器

带有葡萄纹饰的器皿常为陶器。1987 年,新疆和静县察吾呼沟口四号墓地四十三号墓出土了公元前八世纪至公元前五世纪的田地葡萄纹彩陶罐。陶罐着重显示葡萄藤蔓的蜿蜒曲折,表明了新疆地区葡萄种植的悠久历史。唐代以后,葡萄纹饰多见于陶器中,如唐青釉龙柄凤头壶、元景德镇窑青花瓜竹葡萄纹菱口盘。明清时期,葡萄纹饰更为丰富,如明青花葡萄花卉纹盘、明青花葡萄纹盘、明成化斗彩葡萄纹杯、清康熙斗彩葡萄荔枝纹杯、清康熙斗彩松鼠葡萄纹大碗、清光绪青花松鼠葡萄纹碗。

二、金银器

甘肃靖远北滩乡出土了魏晋时期的东罗马帝国鎏金葡萄纹银盘,可见当时已有葡萄纹饰金银器传入中原地区。西夏六号陵出土的葡萄纹金牌饰,以纯金锤揲而成,正面凸出三组葡萄果实及藤蔓枝叶纹,造型轻巧,做工精细。陕西蓝田杨家沟出土的唐鹦鹉葡萄纹云头形银盒,线条流畅,盒面以果实为中心,饰鹦鹉葡萄纹,藤蔓缠绕相围,构图华丽。何家村出土的唐葡萄龙凤纹银碗,圆口银碗外壁錾刻纹饰,外底刻蟠龙,内底心刻凤凰,外壁、内底皆环绕葡萄纹,工艺绝伦。鎏金折枝花纹银盖碗腹部刻折枝花,花形似葡萄、石榴。葡萄花鸟纹银香囊为金属圆球香囊,设计巧妙,工艺精美。

三、铜镜

在以葡萄作为纹饰的铜镜中，唐代葡萄镜流传最为广泛。1978年，陕西扶风县天度乡火石山出土的瑞兽葡萄镜，环绕瑞兽纹饰，以葡萄纹作为间隔，展现出唐代交流融合、兼收并蓄的文化精神。陕西历史博物馆藏唐瑞兽葡萄镜，背面图案为形态各异的瑞兽穿梭嬉戏在葡萄藤间，画面高低起伏，立体感极强。1979年，浙江衢州市上圩头出土了唐方形禽兽葡萄镜，方形葡萄镜相较圆形存世量极少，世所罕见。据史料记载，武则天执政时期，葡萄镜广泛流传，海兽葡萄镜、瑞兽葡萄镜、海马葡萄镜均有所发展。

四、织品

早期出现于织品上的葡萄纹饰多具有异域风情，如1959年新疆民丰县东汉墓出土的人兽葡萄纹罽，葡萄果实圆润饱满，藤蔓纹路清晰，生动展现出胡人采摘葡萄的情景。到了唐代，葡萄纹饰在织品中的应用则得到了更充分的发展。1959年，新疆民丰北大沙漠一号墓出土的绿地对鸟对羊对树纹锦，主体为塔状的树纹，对羊与树纹相对称，旁边饰有对鸟，鸟之上是葡萄树纹。与人兽葡萄纹罽写实风格不同，该图案极具对称感和几何感。阿斯塔那古墓群出土的白地葡萄纹印花罗，虽破损严重，但仍能看到分散的葡萄纹。1973年出土的褐地葡萄叶纹印花绢，风格也非写实，缠绕的葡萄藤蔓中填充葡萄果、叶。明清时期的葡萄纹饰呈现出更多的本土化风格。

第四节
文房用具

　　葡萄纹饰多见于印与砚中。清同治八年（1869年），赵之谦"滂喜斋印"上，葡萄果实饱满，藤蔓蜿蜒，设计巧妙，造型独特。明清时期砚的葡萄纹饰丰富，品质更佳。清代随形葡萄纹端砚，葡萄果实与藤叶布局有致，葡萄果实晶莹剔透，与藤叶颜色呼应，绚丽多彩。清代椭圆葡萄纹紫端砚，形制优美，设色自然，雕饰逼真。清代高浮雕葡萄纹端砚，上部高浮雕葡萄藤、叶、果，果实丰满多粒，叶片卷曲自然，线条流畅，富有立体感。

参考文献

[1] 耶律楚材. 湛然居士文集 [M]. 北京：商务印书馆，1939.

[2] 吴谦. 医宗金鉴 [M]. 北京：人民卫生出版社，1963.

[3] 范晔. 后汉书 [M]. 北京：中华书局，1965.

[4] 刘昫. 旧唐书 [M]. 北京：中华书局，1975.

[5] 徐光启. 农政全书 [M]. 石声汉，校注. 上海：上海古籍出版社，1979.

[6] 朱橚. 普济方（二）：身形 [M]. 北京：人民卫生出版社，1982.

[7] 司马迁. 史记 [M]. 北京：中华书局，1982.

[8] 张从正. 儒门事亲 [M]. 张海岑，赵法新，胡永信，等校注. 郑州：河南科学技术出版社，1984.

[9] 孟诜. 食疗本草 [M]. 北京：人民卫生出版社，1984.

[10] 孙志宏. 简明医彀 [M]. 北京：人民卫生出版社，1984.

[11] 苏敬. 新修本草 [M]. 上海：上海古籍出版社，1985.

[12] 王士雄. 随息居饮食谱 [M]. 北京：中国商业出版社，1985.

[13] 脱脱. 宋史 [M]. 北京：中华书局，1985.

[14] 陈直. 寿亲养老新书 [M]. 邹铉，续增. 北京：中国书店出版社，1986.

[15] 孙一奎. 赤水玄珠全集 [M]. 凌天翼，点校. 北京：人民卫生出版社，1986.

[16] 忽思慧. 饮膳正要 [M]. 刘玉书，点校. 北京：人民卫生出版社，1986.

[17] 江苏新医学院. 中药大辞典（下）[M]. 上海：上海科学技术出版

社，1986.

[18] 苏颂.图经本草 [M].胡乃长，王致谱，辑注.福州：福建科学技术出版社，1988.

[19] 东轩居士.卫济宝书 [M].赵正山，点校.北京：人民卫生出版社，1989.

[20] 张宗法.三农纪校释 [M].邹介正，刘乃壮，谢庚华，等校释.北京：农业出版社，1989.

[21] 王钦若.册府元龟 [M].北京：中华书局，1989.

[22] 寇宗奭.本草衍义 [M] 颜正华，常章富，黄幼群，点校.北京：人民卫生出版社，1990.

[23] 孟诜.食疗本草 [M].吴受琚，俞晋，校注.北京：中国商业出版社，1992.

[24] 陈元龙.格致镜原 [M].上海：上海古籍出版社，1992.

[25] 唐慎微.证类本草 [M].尚志钧，郑金生，尚元藕，等点校.北京：华夏出版社，1993.

[26] 龚廷贤.寿世保元 [M].北京：人民卫生出版社，1993.

[27] 陶弘景.本草经集注 [M].尚志钧，尚元胜，辑校.北京：人民卫生出版社，1994.

[28] 苏颂.本草图经 [M].尚志钧，辑校.合肥：安徽科学技术出版社，1994.

[29] 吴普.神农本草经 [M].孙星衍，孙冯翼，辑.北京：科学技术文献出版社，1996.

[30] 李时珍.本草纲目 [M].北京：中国中医药出版社，1998.

[31] 汪启淑.水曹清暇录 [M].杨辉君，点校.北京：北京古籍出版社，1998.

[32] 周振甫.唐诗宋词元曲全集：全唐诗（第 8 册）[M].合肥：黄山书社，1999.

[33] 刘勇民.维吾尔药志 [M].乌鲁木齐：新疆科技卫生出版社，1999.

[34] 劳费尔.中国伊朗编 [M].林筠因，译.北京：商务印书馆，2001.

[35] 盛增秀 . 王好古医学全书 [M]. 北京：中国中医药出版社，2004.

[36] 兰茂 . 滇南本草 [M]. 于乃义，于兰馥，整理 . 昆明：云南科学技术出版社，2004.

[37] 刘文泰 . 御制本草品汇精要 [M]. 陈仁寿，杭爱武，点校 . 上海：上海科学技术出版社，2005.

[38] 倪朱谟 . 本草汇言 [M]. 郑金生，甄雪燕，杨梅香，点校 . 北京：中医古籍出版社，2005.

[39] 甄权 . 药性趋向分类论 [M]. 尚志钧，辑 . 合肥：安徽科学技术出版社，2006.

[40] 张璐 . 本经逢原 [M]. 北京：中国中医药出版社，2007.

[41] 缪希雍 . 先醒斋医学广笔记 [M]. 北京：人民卫生出版社，2007.

[42] 谢肇淛 . 五杂俎 [M]. 上海：上海书店出版社，2009.

[43] 孙思邈 . 千金翼方 [M]. 太原：山西科学技术出版社，2010.

[44] 孙思邈 . 备急千金要方 [M]. 太原：山西科学技术出版社，2010.

[45] 苏颖 . 本草图经研究 [M]. 北京：人民卫生出版社，2011.

[46] 徐大椿 . 神农本草经百种录 [M]. 伍悦，点校 . 北京：学苑出版社，2011.

[47] 唐慎微 . 证类本草 [M]. 北京：中国医药科技出版社，2011.

[48] 唐圭璋 . 全宋词 [M]. 北京：中华书局，2011.

[49] 曹雪芹 . 戚蓼生序本石头记 [M]. 北京：人民文学出版社，2011.

[50] 尚荣 . 洛阳伽蓝记 [M]. 北京：中华书局，2012.

[51] 陈寿 . 三国志 [M]. 北京：中华书局，2012.

[52] 陶弘景 . 名医别录 [M]. 尚志钧，辑校 . 北京：中国中医药出版社，2013.

[53] 马继兴 . 神农本草经辑注 [M]. 北京：人民卫生出版社，2013.

[54] 徐正英，常佩雨 . 周礼 [M]. 北京：中华书局，2014.

[55] 冯永刚 . 黑龙江省植物食用特性与药用价值 [M]. 北京：中国农业出版社，2015.

[56] 皇甫嵩 . 本草发明 [M]. 李玉清，向楠，校注 . 北京：中国中医药出版社，2015.

[57] 薛己.本草约言 [M].臧守虎，杨天真，杜凤娟，校注.北京：中国中医药出版社，2015.

[58] 闵钺.本草详节 [M].张效霞，校注.北京：中国中医药出版社，2015.

[59] 陈熠.喻嘉言医学全书 [M].北京：中国中医药出版社，2015.

[60] 房玄龄.晋书 [M].北京：中华书局，2015.

[61] 欧阳修.新五代史 [M].北京：中华书局，2015.

[62] 张廷玉.明史 [M].北京：中华书局，2015.

[63] 赵佶.圣济总录（上）[M].王振国，杨金萍，主校.上海：上海科学技术出版社，2016.

[64] 宋岘.回回药方考释 [M].武汉：湖北科学技术出版社，2016.

[65] 吴钢.类经证治本草 [M].北京：中国中医药出版社，2016.

[66] 陈继儒.致富奇书 [M].杭州：浙江人民美术出版社，2016.

[67] 班固.汉书 [M].北京：中华书局，2016.

[68] 脱脱.辽史 [M].北京：中华书局，2016.

[69] 宋濂.元史 [M].北京：中华书局，2016.

[70] 李百药.北齐书 [M].北京：中华书局，2016.

[71] 张仲裁.酉阳杂俎 [M].北京：中华书局，2017.

[72] 李时珍.本草纲目 [M].北京：人民卫生出版社，2017.

[73] 张璐.本经逢原 [M].北京：中医古籍出版社，2017.

[74] 赵学敏.本草纲目拾遗 [M].刘从明，校注.北京：中医古籍出版社，2017.

[75] 周文华.汝南圃史 [M].赵广升，点校.南京：凤凰出版社，2017.

[76] 程履新.新安医籍珍本善本选校丛刊：山居本草 [M].王鹏，校注.北京：人民卫生出版社，2018.

[77] 彭定求.全唐诗 [M].北京：中华书局，2018.

[78] 李肇.唐国史补 [M].聂清风，校注.北京：中华书局，2021.

[79] 陈习刚.唐代葡萄种植分布 [J].湖北大学学报（哲学社会科学版），2001（1）：80–84.

[80] 陈习刚.五代辽宋西夏金时期的葡萄和葡萄酒 [J].南通师范学院学

报（哲学社会科学版），2004（2）:85-90.

[81] 夏雷鸣.西域葡萄药用与东西方文化交流 [J].敦煌学辑刊，2004（2）：138-144.

[82] 陈习刚.中国古代葡萄、葡萄酒及葡萄文化经西域的传播（一）——两宋以前葡萄和葡萄酒产地 [J].新疆师范大学学报（哲学社会科学版），2006（9）:5-10.

[83] 艾克白尔·买买提，买合布白·阿不都热依木，阿不都拉·阿巴斯.新疆琐琐葡萄及其综合利用价值 [J].食品科学，2006（12）:903-905.

[84] 刘涛.琐琐葡萄抗乙肝病毒作用及其机制研究 [D].乌鲁木齐：新疆医科大学，2008:82.

[85] 陈习刚.唐诗与葡萄、葡萄酒 [J].唐都学刊，2008（5）:14-21.

[86]Lutterodt.H，Slavin.M，Whent.M，et al.Fatty Acid Composition，Oxidative Stability，Antioxidant and Antiproliferative Properties of Selected Cold-pressed Grape Seed Oils and Flours[J].Food Chem，2011，128（2）:391-399.

[87] 郝二旭.唐五代敦煌农业祭祀礼仪浅论 [J].农业考古，2014（4）:319-323.

[88] 房柱.蜂友需知防治前列腺病常识和自助食疗方 [J].蜜蜂杂志，2015，35（7）:31-33.

[89] 马丽娟.琐琐葡萄提取物对阿尔茨海默病防治作用的实验研究 [D].乌鲁木齐：新疆医科大学，2017:104.

[90] 吴映梅.葡萄籽的营养保健功能及开发利用 [J].安徽农业科学，2017（8）;105-106，120.

[91] 芥末.葡萄籽在日化用品中的应用 [J].中国化妆品，2018（11）:112-117.

[92] 汤铁城.抗疲劳食疗方五则 [J].老友，2020（7）：59.

[93] 张丽明，马雅鸽，张希，等.基于网络药理学的葡萄籽油抗癌和抗肿瘤功能成分及机制研究 [J].粮油食品科技，2021，29（1）:131-140.

[94]Chang Xuhong，Tian Minmin，Zhang Qiong，et al. Grape Seed Proanthocyanidin Extract Ameliorates Cisplatin-induced Testicular Apoptosis

Via PI3K/Akt/mTOR and Endoplasmic Reticulum Stress Pathways in Rats[J]. Journal of food biochemistry，2021，45（8）:1-12.

[95] 李晓民，梁韦巍，韩冬，等 . 葡萄籽原花青素对人皮肤鳞状细胞癌 A431 细胞增殖和凋亡的影响 [J]. 中国麻风皮肤病杂志,2021,37（11）:696-699.

[96] 吕金泽 . 葡萄纹在丝绸之路上的传播发展掠影与艺术特征研究 [J]. 东华大学学报（社会科学版），2021，21（4）:47-57.

[97] 王秀梅 . 诗经 [M]. 北京：中华书局，2022.

[98] 戴圣 . 礼记 [M]. 北京：中华书局，2022.

[99] 张华 . 博物志 [M]. 成都：巴蜀书社，2022.

[100] 张文选 . 温病方证与杂病辨治 [M]. 北京：人民卫生出版社，2007.

[101] 王怀隐 . 太平圣惠方 [M]. 北京：人民卫生出版社，2016.

[102] 许浚 . 东医宝鉴 [M]. 北京：中国中医药出版社，1995.

[103] 不著撰人 . 增广和剂局方药性总论·珍本医籍丛刊 [M]. 北京：中医古籍出版社，2000.

[104] 刘文泰 . 御制本草品汇精要 [M]. 上海：上海科学技术出版社，2005.

[105] 佚名 . 食物本草 [M]. 北京：北京图书馆出版社，2007.

[106] 陈嘉谟 . 本草蒙筌 [M]. 北京：中国中医药出版社，2013.

[107] 汪讱庵 . 本草易读 [M]. 太原：山西科学技术出版社，2007.

[108] 卢之颐 . 本草乘雅半偈 [M]. 北京：中国中医药出版社，2016.

[109] 严洁 . 得配本草 [M]. 北京：中国中医药出版社，2008.

[110] 黄宫绣 . 本草求真 [M]. 北京：中国中医药出版社，1997.

[111] 杨倓 . 杨氏家藏方 [M]. 北京：中国中医药出版社，1997.

[112] 杨士瀛 . 仁斋直指方论 [M]. 福州：福建科学技术出版社，1989.

[113] 佚名 . 卫生易简方 [M]. 北京：人民卫生出版社，1988.

[114] 董宿 . 奇效良方 [M]. 北京：中国中医药出版社，1995.

[115] 王肯堂 . 证治准绳 [M]. 北京：中国中医药出版社，1997.

[116] 缪希雍 . 本草单方 [M]. 北京：学苑出版社，2005.

[117] 李梴 . 医学入门 [M]. 北京：人民卫生出版社，2006.

[118] 孙伟 . 良朋汇集经验神方 [M]. 北京：中医古籍出版社，2004.

[119] 喻嘉言 . 喻选古方试验 [M]. 北京：中医古籍出版社，1999.

[120] 太医院 . 太医院秘藏膏丹丸散方剂 [M]. 北京：中国中医药出版社，2005.

[121] 虚白主人 . 救生集 [M]. 北京：中医古籍出版社，2004.

[122] 鲍相璈 . 验方新编 [M]. 北京：中国中医药出版社，1994.

[123] 王力 . 奇效简便良方 [M]. 北京：中医古籍出版社，1997.

[124] 冯兆张 . 冯氏锦囊秘录 [M]. 天津：天津古籍出版社，1996.

[125] 姚思廉 . 梁书 [M]. 北京：中华书局，2020.

[126] 萧子显 . 梁书 [M]. 北京：中华书局，1996.

[127] 魏收 . 魏书 [M]. 北京：中华书局，2017.

[128] 李延寿 . 南史 [M]. 北京：中华书局，2023.

[129] 李延寿 . 北史 [M]. 北京：中华书局，1974.

[130] 薛居正 . 旧五代史 [M]. 北京：中华书局，2015.